林业理论与工程实践探索

汪玉静　何长流　文松卓玛◎著

经济日报出版社

北　京

图书在版编目（CIP）数据

林业理论与工程实践探索 / 汪玉静，何长流，文松
卓玛著. -- 北京：经济日报出版社，2025. 1
ISBN 978-7-5196-1455-3

Ⅰ. ①林… Ⅱ. ①汪… ②何… ③文… Ⅲ. ①林学②
林业-系统工程 Ⅳ. ①S7

中国国家版本馆 CIP 数据核字（2024）第 013385 号

林业理论与工程实践探索

LINYE LILUN YU GONGCHENG SHIJIAN TANSUO

汪玉静　何长流　文松卓玛　著

出版发行 *经济日报* 出版社

地　　址：北京市西城区白纸坊东街 2 号院 6 号楼

邮　　编：100054

经　　销：全国各地新华书店

印　　刷：北京印刷集团有限责任公司

开　　本：787mm×1092mm　1/16

印　　张：11.5

字　　数：223 千字

版　　次：2025 年 1 月第 1 版

印　　次：2025 年 1 月第 1 次

定　　价：58.00 元

前　言

　　地球的起源、生物的进化，特别是人类社会发展的历史都直接或间接地证明：社会、经济的进步必须走可持续发展道路。在实施可持续发展战略的进程中，必须赋予生态建设重要位置，而在生态建设中，林业不容置疑地占据首要地位。林业工程对于涵养水源、保持水土、防风固沙、维持生态平衡，减少自然灾害、保障和促进工农业生产的发展、为人类创造一个良好的生存环境具有重要的意义。

　　本书主要对林业理论和林业工程进行研究，首先从现代林业的概念、建设任务、发展理论等基础入手，对现代林业理论和生态文明建设理论进行分析，介绍实现现代林业发展战略的保障体系；接着对林业工程的经营理论与技术进行阐述，并重点就现代林业的营造管理、主伐更新、封山育林管理等林业工程的技术进行论述；本书还探讨了现代林业的发展与实践，为现代林业工程的实践提供了技术与管理参考。本书可为林业工程建设和林业管理的相关人员提供参考。

　　限于作者的学识和理解水平，书中难免存在不足和疏漏之处，恳切希望读者和同行予以批评指正，以期再版时修改完善。

汪玉静　何长流　文松卓玛

2023 年 12 月

目　录

第一章　现代林业概述

第一节　我国林业资源分布与功能

一、我国林业资源的分布

（一）森林资源

林业资源的核心是森林资源，本书在行政区划的基础上，依据自然条件、历史条件和发展水平，把全国划分为东北地区、华北地区、西北地区、华中地区、华南地区、华东地区和西南地区，进行森林资源的格局特征分析。

1. 东北地区

东北林区是中国重要的重工业和农林牧生产基地，包括辽宁、吉林和黑龙江，跨越寒温带、中温带、暖温带，属大陆性季风气候。除长白山部分地段外，地势平缓，分布有落叶松、红松林及云杉、冷杉和针阔混交林，是中国森林资源最集中分布区之一。

2. 华北地区

华北地区包括北京、天津、河北、山西和内蒙古。该区域自然条件差异较大，跨越温带、暖温带，以及湿润、半湿润、干旱和半干旱区，属大陆性季风气候。分布有松柏林、云杉林、落叶阔叶林，以及内蒙古东部兴安落叶松林等多种森林类型，除内蒙古东部的大兴安岭为森林资源集中分布的林区外，其他地区均为少林区。

3. 西北地区

西北地区包括陕西、甘肃、宁夏、青海和新疆。该区域自然条件差，生态环境脆弱，境内大部分为大陆性气候，寒暑变化剧烈，除陕西和甘肃东南部降水丰富外，其他地区降水量稀少，为全国最干旱的地区，森林资源稀少，森林覆盖率不足10%。森林主要分布在秦岭、大巴山、小陇山、洮河和白龙江流域、黄河上游、贺兰山、祁连山、天山、阿尔泰山等处，以暖温带落叶阔叶林、北亚热带常绿落叶阔叶混交林以及山地针叶林为主。

4. 华中地区

华中地区包括安徽、江西、河南、湖北和湖南，该区域南北温差大，夏季炎热，冬季比较寒冷，降水丰富，常年降水量比较稳定，水热条件优越。森林主要分布在神农架、沅江流域、资江流域、湘江流域、赣江流域等处，主要为常绿阔叶林，并混生落叶阔叶林，马尾松、杉木、竹类分布面积也非常广，森林覆盖率近40%。

5. 华南地区

华南地区包括广东、广西、海南和福建。该区域气候炎热多雨，无真正的冬季，跨越南亚热带和热带气候区，分布有南亚热带常绿阔叶林、热带雨林和季雨林，森林覆盖率过半。

6. 华东地区

华东地区包括上海、江苏、浙江和山东。该区域临近海岸地带，其大部分地区因受台风影响获得降水，降水量丰富，而且四季分配比较均匀，森林类型多样，树种丰富，低山丘陵以常绿阔叶林为主。

7. 西南地区

西南地区包括重庆、四川、云南、贵州和西藏。该区域垂直高差大，气温差异显著，形成明显的垂直气候带与相应的森林植被带，森林类型多样，树种丰富。森林主要分布在岷江上游流域、青衣江流域、大渡河流域、雅砻江流域、金沙江流域、澜沧江和怒江流域、滇南山区、大围山、渠江流域、峨眉山等处。

（二）湿地资源

中国湿地分布较为广泛，几乎各地都有，受自然条件的影响，湿地类型的地理分布有明显的区域差异。

1. 沼泽分布

我国沼泽以东北三江平原、大兴安岭、小兴安岭、长白山地、四川若尔盖和青藏高原为多，各地河漫滩、湖滨、海滨一带也有沼泽发育，山区多木本沼泽，平原则草本沼泽居多。

2. 湖泊湿地分布

我国的湖泊湿地主要分布于长江及淮河中下游、黄河及海河下游和大运河沿岸的东部平原地区湖泊、蒙新高原地区湖泊、云贵高原地区湖泊、青藏高原地区湖泊、东北平原地区与山区湖泊。

3. 河流湿地分布

因受地形、气候影响，河流在地域上的分布很不均匀，绝大多数河流分布在东部气候湿润多雨的季风区；西北内陆气候干旱少雨，河流较少，并有大面积的无流区。

4. 近海与海岸湿地分布

我国近海与海岸湿地主要分布于沿海省份，以杭州湾为界，杭州湾以北除山东半岛、辽东半岛的部分地区为岩石性海滩外，多为沙质和淤泥质海滩，由环渤海滨海和江苏滨海湿地组成；杭州湾以南以岩石性海滩为主，主要有钱塘江—杭州湾湿地、晋江口—泉州湾湿地、珠江口河口湾和北部湾湿地等。

5. 库塘湿地分布

属于人工湿地，主要分布于我国水利资源比较丰富的东北地区、长江中上游地区、黄河中上游地区以及广东等。

二、我国林业的主要功能

根据联合国《千年生态系统评估报告》，生态系统服务功能包括生态系统对人类可以产生直接影响的调节服务功能、供给服务功能和文化服务功能，以及对维持生态系统的其他功能具有重要作用的支持服务功能（如土壤形成、养分循环和初级生产等）。生态系统服务功能的变化通过影响人类的安全、维持高质量生活的基本物质需求、健康，以及社会文化关系等对人类福利产生深远的影响。林业资源作为自然资源的组成部分，同样具有调节、供给和文化三大服务功能。调节服务功能包括固碳释氧、调节小气候、保持水土、防风固沙、涵养水源和净化空气等方面；供给服务功能包括提供木材与非木质林产品；文化服务功能包括美学与文学艺术、游憩与保健疗养、科普、教育与民俗等方面。

（一）固碳释氧

森林作为陆地生态系统的主体，在稳定和减缓全球气候变化方面起着至关重要的作用。森林植被通过光合作用可以吸收固定 CO_2，成为陆地生态系统中 CO_2 最大的贮存库和吸收汇。而毁林开荒、土地退化、筑路和城市扩张则导致毁林，也导致温室气体向大气排放。以森林保护、造林和减少毁林为主要措施的森林减排已经成为应对气候变化的重要途径。

人类使用化石燃料、进行工业生产以及毁林开荒等活动导致大量的 CO_2 向大气排放，使大气中的 CO_2 浓度显著增加。陆地生态系统和海洋吸收其中排放的一部分，但全球排放量与吸收量之间仍存在不平衡。这就是被科学界常常提到的 CO_2 失汇现象。

（二）调节小气候

1. 调节气温作用

林带改变气流结构和降低风速作用的结果必然会改变林带附近的热量收支，从而引起气温的变化。但是，这种过程十分复杂，影响防护农田内气温的因素不仅包括林带结构、下垫面性状，而且还涉及风速、湍流交换强弱、昼夜时相、季节、天气类型、地域气候背景等。

在实际蒸散和潜在蒸散接近的湿润地区，防护区内影响气温的主要因素为风速，在风速降低区内，气温会有所增加；在实际蒸散小于潜在蒸散的半湿润地区，由于叶面气孔的调节作用开始产生影响，一部分能量没有被用于土壤蒸发和植物蒸腾而使气温降低，因此这一地区的防护林对农田气温的影响具有正负两种可能性。在半湿润易干旱或比较干旱地区，由于植物蒸腾作用而引起的降温作用比因风速降低而引起的增温作用程度相对显著，因此这一地区的防护林具有降低农田气温的作用。我国华北平原属于干旱半干旱季风气候区，该地区的农田防护林对气温影响的总体趋势是夏秋季节和白天具有降温作用，在春冬季节和夜间具有升温及气温变幅减小作用。

2. 调节林内湿度作用

在防护林带作用范围内，风速和乱流交换的减弱，使得植物蒸腾和土壤蒸发的水分在近地层大气中逗留的时间相对延长，因此，近地面的空气湿度常常高于旷野。

3. 调节风速

防护林最显著的小气候效应是防风效应或风速减弱效应。人类营造防护林最原始的目的就是借助防护林减弱风力，减少风害。故防护林素有"防风林"之称。防护林减弱风力的主要原因有：①林带对风起一种阻挡作用，改变风的流动方向，使林带背风面的风力减弱；②林带对风的阻力，从而夺取风的动量，使其在地面逸散，风因失去动量而减弱；③减弱后的风在下风方向不需要经过很久即可逐渐恢复风速，这是因为通过湍流作用，有动量从风力较强部分被扩散的缘故。从力学角度而言，防护林防风原理在于气流通过林带时，削弱了气流动能而减弱了风速。动能削弱的原因来自三个方面：其一，气流穿过林带内部时，由于与树干及枝叶的摩擦，使部分动能转化为热能部分，与此同时由于气流受林木类似筛网或栅栏的作用，将气流中的大旋涡分割成若干小旋涡而消耗了动能，这些小旋涡又互相碰撞和摩擦，进一步削弱了气流的大量能量；其二，气流翻越林带时，在林带的抬升和摩擦下，与上空气流汇合，损失部分动能；其三，穿过林带的气流和翻越林带的气流，在背风面一定距离内汇合时，又造成动能损失，致使防护林背风区风速减弱最为明显。

（三）保持水土

1. 森林对降水再分配的作用

降水经过森林冠层后发生再分配过程，再分配过程包括三个不同的部分，即穿透降水、茎流水和截留降水。穿透降水是指从植被冠层上滴落下来的或从林冠空隙处直接降落下来的那部分降水；茎流水是指沿着树干流至土壤的那部分水分；截留降水是指雨水以水珠或薄膜形式被保持在植物体表面、树皮裂隙中以及叶片与树枝的角隅等处，截留降水很少到达地面，而是通过物理蒸发返回到大气中。

森林冠层对降水的截留受到众多因素的影响，主要有降水量、降水强度和降水的持续时间以及当地的气候状况，并与森林组成、结构、郁闭度等因素密切相关。林分郁闭度对林冠截留的影响远大于树种间的影响。森林的覆盖度越高，层次结构越复杂，降水截留的层面越多，截留量越大。

2. 森林对地表径流的作用

（1）森林对地表径流的分流阻滞作用

当降水量超过森林调蓄能力时，通常产生地表径流，但是降水量小于森林调蓄水量时也可能会产生地表径流。分布在不同气候地带的森林都具有减少地表径流的作用。

（2）森林延缓地表径流历时的作用

森林不但能够有效地削减地表径流量，而且还能延缓地表径流历时。一般情况下，降水持续时间越长，产流过程越长；降水初始与终止时的强度越大，产流前土壤越湿润，产流开始的时间就越快，而结束径流的时间就越迟。这是地表径流与降水过程的一般规律。从森林生态系统的结构和功能分析，森林群落的层次结构越复杂，枯枝落叶层越厚，土壤孔隙越发育，产流开始的时间就越迟，结束径流的时间相对较晚，森林削减和延缓地表径流的效果越明显。例如在相同的降水条件下，不同森林类型的产流与终止时间分别比降水开始时间推迟 7~50min，而结束径流的时间又比降水终止时间推迟 40~500min。结构复杂的森林削减和延缓地表径流的作用远比结构简单的草坡地强。在多次出现降水的情况下，森林植被出现的洪峰均比草坡地出现的洪峰低；而在降水结束，径流逐渐减少时，森林的径流量普遍比草坡地的径流量大，明显地显示出森林削减洪峰、延缓地表径流的作用。但是，发育不良的森林，例如只有乔木层，而无灌木、草本层和枯枝落叶层，森林调节径流量和延缓地表径流过程的作用会大大削弱，甚至也可能会产生比草坡地更高的径流流量。

（3）森林对土壤水蚀的控制作用

森林地上和地下部分防止土壤侵蚀的功能，主要有几个方面：①林冠可以拦截相当数量的降水量，减弱暴雨强度和延长其降落时间；②可以保护土壤免受破坏性雨滴的机械破坏；③可以提高土壤的入渗力，抑制地表径流的形成；④可以调节融雪水，使吹雪的程度降到最低；⑤可以减弱土壤冻结深度，延缓融雪，增加地下水贮量；⑥根系和树干对土壤起到机械固持作用；⑦林分的生物小循环对土壤的理化性质，抗水蚀、风蚀能力起到改良作用。

（四）防风固沙

1. 固沙作用

森林以其茂密的枝叶和聚积枯落物庇护表层沙粒，避免风的直接作用；同时植被作为沙地上一种具有可塑性结构的障碍物，使地面粗糙度增大，大大降低近地层风速；植被可加速土壤形成过程，提高黏结力，根系也起到固结沙粒作用；植被还能促进地表形成"结皮"，从而提高临界风速值，增强了抗风蚀能力，起到固沙作用，其中植被降低风速作用最为明显也最为重要。植被降低近地层风速作用大小与覆盖度有关，覆盖度越大，风速降低值越大。

2. 阻沙作用

由于风沙流是一种贴近地表的运动现象，因此，不同植被固沙和阻沙能力的大小，主要取决于近地层枝叶的分布状况。近地层枝叶浓密，控制范围较大的植物，其固沙和阻沙能力也较强。在乔、灌、草三类植物中，灌木多在近地表处丛状分枝，固沙和阻沙能力较强。乔木只有单一主干，固沙和阻沙能力较弱，有些乔木甚至树冠已郁闭，表层沙仍然继续流动。多年生草本植物基部丛生亦具固沙和阻沙能力，但比之灌木植株低矮，固沙范围和积沙数量均较低，加之入冬后地上部分干枯，所积沙堆因重新裸露而遭吹蚀，因此不稳定。这也是在治沙工作中选择植物种时首选灌木的原因之一。而不同灌木，其近地层枝叶分布情况和数量亦不同，固沙和阻沙能力也有差异，因而选择时应进一步分析。

3. 对风沙土的改良作用

植被固定流沙以后，大大加速了风沙土的成土过程。植被对风沙土的改良作用，主要表现在以下几个方面：①机械组成发生变化，粉粒、黏粒含量增加；②物理性质发生变化，比重、容重减少，孔隙度增加；③水分性质发生变化，田间持水量增加，透水性减慢；④有机质含量增加；⑤氮、磷、钾三要素含量增加；⑥碳酸钙含量增加，pH值提高；⑦土壤微生物数量增加；⑧沙层含水率减少，据陈世雄在沙坡头观测，幼年植株耗水量少，对沙层水分影响不大，随着林龄的增加，对沙层水分产生显著影响。

（五）涵养水源

1. 净化水质作用

森林对污水净化能力也极强。一些耐水性强的树种对水中有害物质有很强的吸收作用。湿地生态系统则可以通过沉淀、吸附、离子交换、络合反应、硝化、反硝化、营养元素的生物转化和微生物分解过程处理污水。

2. 削减洪峰

森林通过乔、灌、草及枯落物层的截持含蓄、大量蒸腾、土壤渗透、延缓融雪等过程，使地表径流减少，甚至为零，从而起到削减洪水的作用。这一作用的大小，又受到森林类型、林分结构、林地土壤结构和降水特性等的影响。通常，复层异龄的针阔混交林要比单层同龄纯林的作用大，对短时间降水过程的作用明显，随着降水时间的延长，森林的削洪作用也逐渐减弱，甚至到零。因此，森林的削洪作用有一定限度，但不论作用程度如何，各地域的测定分析结果证实，森林的削洪作用是肯定的。

（六）净化空气

1. 滞尘作用

大气中的尘埃是造成城市能见度低和对人体健康产生严重危害的主要污染物之一。人们在积极采取措施减少污染源的同时，更加重视增加城市植被覆盖，发挥森林在滞尘方面的重要作用。

2. 杀菌作用

植物的绿叶，能分泌出如酒精、有机酸和菇类等挥发性物质，可杀死细菌、真菌和原生动物。如香樟、松树等能够减少空气中的细菌数量，$1hm^2$松、柏每日能分泌 60kg 杀菌素，可杀死白喉、肺结核、痢疾等病菌。另外，树木的枝叶可以附着大量的尘埃，因而减少了空气中作为有害菌载体的尘埃数量，也就减少了空气中的有害菌数量，净化了空气。绿地不仅能杀灭空气中的细菌，还能杀灭土壤里的细菌。有些树林能杀灭流过林地污水中的细菌，如 $1m^3$ 污水通过 $30\sim40m$ 宽的林带后，其含菌量比经过没有树林的地面减少一半；又如通过 30 年生的杨树、桦树混交林，细菌数量能减少 90%。

杀菌能力强的树种有夹竹桃、高山榕、樟树、桉树、紫荆、木麻黄、银杏、桂花、玉兰、千金榆、银桦、厚皮香、柠檬、合欢、圆柏、核桃、核桃楸、假槟榔、木菠萝、雪松、刺槐、垂柳、落叶松、柳杉、云杉、柑橘、侧柏等。

3. 增加空气中负离子及保健物质含量

森林能增加空气负离子含量。森林的树冠、枝叶的尖端放电以及光合作用过程的光电效应均会促使空气电解，产生大量的空气负离子。空气负离子能吸附、聚集和沉降空气中的污染物和悬浮颗粒，使空气得到净化。空气中正、负离子可与未带电荷的污染物相互作用接合，对工业上难以除去的飘尘有明显的沉降效果。空气负离子同时具有抑菌、杀菌和抑制病毒的作用。空气负离子对人体具有保健作用，主要表现在调节神经系统和大脑皮层功能，加强新陈代谢，促进血液循环，改善心、肺、脑等器官的功能等。

植物的花叶、根芽等组织的油腺细胞不断地分泌出一种浓香的挥发性有机物，这种气体能杀死细菌和真菌，有利于净化空气、提高人们的健康水平，被称为植物精气。森林植物精气的主要成分是芳香性碳水化合物——萜烯，主要包含香精油、乙醇、有机酸、酮等。这些物质有利于人们的身体健康，除杀菌外，对人体有抗炎症、抗风湿、抗肿瘤、促进胆汁分泌等功效。

第二节　现代林业的概念与内涵

现代林业是一个具有时代特征的概念，随着经济社会的不断发展，现代林业的内涵也在不断地发生着变化。正确理解和认识新时期现代林业的基本内涵，对于指导现代林业建设的实践具有重要的意义。

一、现代林业的概念

早在改革开放初期，我国就有人提出了建设现代林业。当时人们简单地将现代林业理解为林业机械化，后来又走入了只讲生态建设，不讲林业产业的朴素生态林业的误区。现代林业即在现代科学认识基础上，用现代技术装备武装和用现代工艺方法生产以及用现代科学方法管理的，并可持续发展的林业。徐国祯提出，区别于传统林业，现代林业是在现代科学的思维方式指导下，以现代科学理论、技术与管理为指导，通过新的森林经营方式与新的林业经济增长方式，达到充分发挥森林的生态、经济、社会与文明功能，担负起优化环境，促进经济发展，提高社会文明，实现可持续发展的目标和任务。现代林业是充分利用现代科学技术和手段，全社会广泛参与保护和培育森林资源，高效发挥森林的多种功能和多重价值，以满足人类日益增长的生态、经济和社会需求的林业。

今天，林业发展的经济和社会环境、公众对林业的需求等都发生了很大的变化，如何界定现代林业这一概念，仍然是建设现代林业中首先应该明确的问题。

从字面上看，现代林业是一个偏正结构的词组，包括"现代"和"林业"两个部分，前者是对后者的修饰和限定。我们认为，现代林业并不是一个历史学概念，而是一个相对动态的概念，无须也无法界定其起点和终点。对于现代林业中的"现代"应该从前两个含义进行理解，也就是说现代林业应该是能够体现当今时代特征的、先进的、发达的林业。

随着时代的发展，林业本身的范围、目标和任务也在发生着变化。从林业资源所涵盖的范围来看，我国的林业资源不仅包括林地、林木等传统的森林资源，同时还包括湿地资源、荒漠资源，以及以森林、湿地、荒漠生态系统为依托生存的野生动植物资源。从发展目标和任务来看，已经从传统的以木材生产为核心的单目标经营，转向重视林业资源的多种功能，追求多种效益。我国林业不仅要承担木材及非木质林产品供给的任务，同时还要在维护国土生态安全、改善人居环境、发展林区经济、促进农民增收、弘扬生态文化、建设生态文明中发挥重要的作用。

综合以上两个方面的分析，可以得出衡量一个国家或地区的林业是否达到了现代林业的要求，最重要的就是考察其发展理念、生产力水平、功能和效益是否达到了所处时代的领先水平。建设现代林业就是要遵循当今时代最先进的发展理念，以先进的科学技术、精良的物质装备和高素质的务林人为支撑，运用完善的经营机制和高效的管理手段，建设完善的林业生态体系、发达的林业产业体系和繁荣的生态文化体系，充分发挥林业资源的多种功能和多重价值，最大限度地满足社会的多样化需求。

先进的发展理念、技术和装备、管理体制等都是建设现代林业过程中的必要手段，而最终体现出来的是林业发展的状态和方向。因此，现代林业就是可持续发展的林业，它是指充分发挥林业资源的多种功能和多重价值，不断满足社会多样化需求的林业发展状态和方向。

二、现代林业的内涵

内涵是对某一概念中所包含的各种本质属性的具体界定。虽然"现代林业"这一概念的表述方式可以是相对不变的，但是随着时代的变化，其现代的含义和林业的含义都是不断丰富和发展的。

对于现代林业的基本内涵，在不同时期，国内许多专家给予了不同的界定。有的学者认为，现代林业是由一个目标（发展经济、优化环境、富裕人民、贡献国家）、两个要点（森林和林业的新概念）、三个产业（林业第三产业、第二产业、第一产业）彼此联系在一起形成的一个高效益的林业持续发展系统。还有的学者认为，现代林业强调以生态环境建设为重点，以产业化发展为动力，以全社会广泛参与和支持为前提，积极广泛地参与国际交流合作，从而实现林业资源、环境和产业协调发展，经济、环境和社会效益高度统一的林业。现代林业与传统林业相比，其优势在于综合效益高，利用范围很大，发展潜力很突出。

现代林业，就是科学发展的林业，以人为本、全面协调可持续发展的林业，体现现代社会主要特征，具有较高生产力发展水平，能够最大限度拓展林业多种功能，满足社会多样化需求的林业。同时，从发展理念、经营目标、科学技术、物质装备、管理手段、市场机制、法律制度、对外开放、人员素质等几个方面论述了建设现代林业的基本要求，这一论述较为全面地概括了现代林业的基本内涵。

综上所述，中国现代林业的基本内涵可表述为：以建设生态文明社会为目标，以可持续发展理论为指导，用多目标经营做大林业，用现代科学技术提升林业，用现代物质条件装备林业，用现代信息手段管理林业，用现代市场机制发展林业，用现代法律制度保障林业，用扩大对外开放拓展林业，用高素质新型务林人推进林业，努力提高林业科学化、机械化和信息化水平，提高林地产出率、资源利用率和劳动生产率，提高林业发展的质量、素质和效益，建设完善的林业生态体系、发达的林业产业体系和繁荣的生态文化体系。

（一）现代发展理念

理念就是理性的观念，是人们对事物发展方向的根本思路。现代林业的发展理念，就是通过科学论证和理性思考而确立的未来林业发展的最高境界和根本观念，主要解决林业发展走什么道路、达到什么样的最终目标等根本方向问题。因此，现代林业的发展理念，必须是最科学的，既符合当今世界林业发展潮流，又符合中国的国情和林情。

中国现代林业的发展理念应该是以可持续发展理论为指导，坚持以生态建设为主的林业发展战略，全面落实科学发展观，最终实现人与自然和谐的生态文明社会。这一发展理念的四个方面是一脉相承的，也是一个不可分割的整体。

可持续发展理论是在人类社会经济发展面临着严重的人口、资源与环境问题的背景下产生和发展起来的，联合国环境规划署把可持续发展定义为满足当前需要而又不削弱子孙后代满足其需要之能力的发展。可持续发展的核心是发展，重要标志是资源的永续利用和良好的生态环境。可持续发展要求既要考虑当前发展的需要，又要考虑未来发展的需要，不以牺牲后代人的利益为代价。在建设现代林业的过程中，要充分考虑发展的可持续性，既充分满足当代人对林业三大产品的需求，又不对后代人的发展产生影响。大力发展循环经济，建设资源节约型、环境友好型社会，必须合理利用资源、大力保护自然生态和自然资源，恢复、治理、重建和发展自然生态和自然资源，是实现可持续发展的必然要求。可持续林业发展从健康和完整的生态系统、生物多样性、良好的环境及主要林产品持续生产等诸多方面，反映了现代林业的多重价值观。

（二）多目标经营

森林具有多种功能和多种价值，从单一的经济目标向生态、经济、社会多种效益并重的多目标经营转变，是当今世界林业发展的共同趋势。由于各国的国情、林情不同，其林业经营目标也各不相同。林业发达国家在总结几百年来林业发展经验和教训的基础上提出了近自然林业模式。我国对林业发展道路进行深入系统的研究和探索，提出了符合我国国情林情的林业分工理论，按照林业的主导功能特点或要求分类，并按各类的特点和规律运行的林业经营体制和经营模式，通过森林功能性分类，充分发挥林业资源的多种功能和多种效益，不断增加林业生态产品、物质产品和文化产品的有效供给，持续不断地满足社会和广大民众对林业的多样化需求。

中国现代林业的最终目标是建设生态文明社会，具体目标是实现生态、经济、社会三大效益的最大化。

第三节　我国现代林业建设的主要任务

发展现代林业，建设生态文明是中国林业发展的方向、旗帜和主题。现代林业建设的主要任务是，按照生态良好、产业发达、文化繁荣、发展和谐的要求，着力构建完善的林业生态体系、发达的林业产业体系和繁荣的生态文化体系，充分发挥森林的多种功能和综合效益，不断满足人类对林业的多种需求。重点实施好天然林资源保护、退耕还林、湿地保护与恢复、城市林业等多项生态工程，建立以森林生态系统为主体的、完备的国土生态安全保障体系，是现代林业建设的基本任务。随着我国经济社会的快速发展，林业产业的外延在不断拓展，内涵在不断丰富。建立以林业资源节约利用、高效利用、综合利用、循环利用为内容的发达产业体系是现代林业建设的重要任务。林业产业体系建设重点应包括加快发展以森林资源培育为基础的林业第一产业，全面提升以木竹加工为主的林业第二产业，大力发展以生态服务为主的林业第三产业。建立以生态文明为主要价值取向的、繁荣的林业生态文化体系是现代林业建设的新任务。生态文化体系建设的重点是努力构建生态文化物质载体，促进生态文化产业发展，加大生态文化的传播普及，加强生态文化基础教育，提高生态文化体系建设的保障能力，开展生态文化体系建设的理论研究。

一、努力构建人与自然和谐的、完善的林业生态体系

林业生态体系包括三个系统一个多样性，即森林生态系统、湿地生态系统、荒漠生态系统和生物多样性。

努力构建人与自然和谐的、完善的林业生态体系，必须加强生态建设，充分发挥林业的生态效益，着力建设森林生态系统，大力保护湿地生态系统，不断改善荒漠生态系统，努力维护生物多样性，突出发展，强化保护，提升质量，努力建设布局科学、结构合理、功能完备、效益显著的林业生态体系。

二、不断完善充满活力的、发达的林业产业体系

林业产业体系包括第一产业、第二产业、第三产业和一个新兴产业。不断完善充满活力的、发达的林业产业体系，必须加快产业发展，充分发挥林业的经济效益，全面提升传统产业，积极发展新兴产业，以兴林富民为宗旨，完善宏观调控，加强市场监管，优化公共服务，坚持低投入高效益，低消耗高产出，努力建设品种丰富、优质高效、运行有序、充满活力的林业产业体系。

各类商品林基地建设取得新进展，优质、高产、高效、新兴林业产业迅猛发展，林业经济结构得到优化，建成林业产业强国。

三、逐步建立丰富多彩的、繁荣的生态文化体系

生态文化体系包括植物生态文化、动物生态文化、人文生态文化和环境生态文化等。

（一）发展森林文化产业行动

大力发展生态文化产业，各地应突出区域特色，挖掘潜力，依托载体，延长林业生态文化产业链，促进传统林业第一产业、第二产业向生态文化产业升级。

1. 丰富森林文化产品

既要在原有基础上做大做强山水文化、树文化、竹文化、茶文化、花文化、药文化等物质文化产业，也要充分开发生态文化资源，努力发展体现人与自然和谐相处这一核心价值观念的文艺、影视、音乐、书画等生态文化精品。丰富生态文化的形式和内容。采取文学、影视、戏剧、书画、美术、音乐等丰富多彩的文化形态，努力在全社会形成爱护森林、保护生态，崇尚绿色的良好氛围。大力发展森林旅游、度假、休闲、游憩等森林旅游

产品，以及图书、报刊、音像、影视、网络等生态文化产品。

2. 提供森林文化服务

大力发展生态旅游，把生态文化建设与满足人们的游憩需求有机地结合起来，把生态文化成果充实到旅游产品和服务之中。同时，充分挖掘生态文化培训、咨询、网络、传媒等信息文化产业，打造森林氧吧、森林游憩和森林体验等特色品牌。有序开发森林、湿地、沙漠自然景观与人文景观资源，大力发展以生态旅游为主的生态文化产业。鼓励社会投资者开发经营生态文化产业，提高生态文化产品规模化、专业化和市场化水平。

（二）开展森林文化科普及公众参与行动

1. 建设森林文化物质载体

建立以政府投入为主，全社会共同参与的多元化投入机制。在国家林业和草原局的统一领导下，启动一批生态文化载体建设工程。改造整合现有的生态文化基础设施，完善功能，丰富内涵。切实抓好自然保护区、森林公园、森林植物园、野生动物园、湿地公园、城市森林与园林等生态文化基础设施建设。充分利用现有的公共文化基础设施，积极融入生态文化内容，丰富和完善生态文化教育功能。广泛吸引社会投资，在林区、湿地、荒漠和城市，建设一批规模适当、独具特色的生态文化博物馆、文化馆、科技馆、标本馆、科普教育和生态文化教育示范基地，拓展生态文化展示宣传窗口。保护好旅游风景林、古树名木和各种纪念林，建设森林氧吧、生态休闲保健场所，充分发掘其美学价值、历史价值、游憩价值和教育价值，为人们了解森林、认识生态、探索自然、休闲保健提供场所和条件。

2. 开展形式多样的森林文化普及教育活动

拓宽渠道，扩展平台，加强对生态文化的传播。在采用报纸、杂志、广播、电视等传统传播媒介和手段的基础上，充分利用互联网、手机短信、博客等新兴媒体渠道，广泛传播生态文化；利用生态文化实体性渠道和平台，结合"世界地球日""植树节"等纪念日和"生态文化论坛"等平台，积极开展群众性生态文化传播活动。特别重视生态文化在青少年和儿童中的传播，做到生态文化教育进教材，进课堂，进校园文化，进户外实践。继续做好由政府主导的"国家森林城市""生态文化示范基地"的评选活动，使生态文化理念成为全社会的共识与行动，最终建立健全形式多样、覆盖广泛的生态文化传播体系。

3. 发展森林文化传媒

建设新的传播渠道，发挥好各类森林文化刊物、出版物、网络、广播、电视、论坛等传媒的作用，加强森林文化的宣传普及。编辑出版与生态文化相关领域的学术期刊、书籍，宣传生态文化研究成果；鉴于《生态文化》已有，建议再创建《森林文化》杂志；开展生态文化期刊发展战略和编辑出版的理论、技术、方法研究；组织期刊发展专题研讨会、报告会等学术交流活动；评选优秀期刊、优秀编辑和优秀论文；开展生态文化期刊编辑咨询工作；向有关部门反映会员的意见和要求，维护其合法权益；宣传贯彻生态文化期刊出版的法令、法规和规范，培训生态文化期刊编辑、出版、编务人员；举办为会员服务的其他非营利性的业务活动。

4. 完善森林文化建设的公众参与机制

把森林文化建设与全民义务植树活动、各种纪念日、纪念林结合起来，鼓励绿地认养，提倡绿色生活和消费。通过推行义务植树活动、志愿者行动、设立公众举报电话、奖励举报人员、建立生态问题公众听证会制度等公众参与活动，培育公众的生态意识和保护生态的行为规范，激励公众保护生态的积极性和自觉性，在全社会形成提倡节约、爱护生态的社会价值观念、生活方式和消费行为。推动"国树、国花、国鸟"的法定程序，尽快确定"国树""国花""国鸟"。各地也可开展"省树""省花""省鸟""市树""市花""市鸟"等活动。

逐步建立丰富多彩的、繁荣的生态文化体系，必须培育生态文化，充分发挥林业的社会效益，大力繁荣生态文化，普及生态知识，倡导生态道德，增强生态意识，弘扬生态文明，以人与自然和谐相处为核心价值理念，以森林文化、湿地文化、野生动物文化为主体，努力构建主题突出、内涵丰富、形式多样、喜闻乐见的生态文化体系。

加快城乡绿化，改善人居环境，发展森林旅游，增进人民健康，提供就业机会，增加农民收入，促进新农村建设。

四、大力推进优质高效的服务型林业保障体系

林业保障体系包括科学化、信息化、机械化三大支柱和改革、投资两个关键，涉及绿色办公、绿色生产、绿色采购、绿色统计、绿色审计、绿色财政和绿色金融等。

林业保障体系要求林业行政管理部门切实转变职能，理顺关系，优化结构，提高效能，做到权责一致，分工合理，决策科学，执行顺畅，监督有力，成本节约，为现代林业建设提供体制保障。

大力推进优质高效的服务型林业保障体系，必须按照科学发展观的要求，大力推进林业科学化、信息化、机械化进程；坚持和完善林权制度改革，进一步加快构建现代林业体制机制，进一步扩大重点国有林区、国有林场的改革，加大政策调整力度，逐步理顺林业机制，加快林业部门的职能转变，建立和推行生态文明建设绩效考评与问责制度；同时，

要建立支持现代林业发展的公共财政制度，完善林业投资、融资政策，健全林业社会化服务体系，按照服务型政府的要求建设林业保障体系。

第四节 现代林业发展的理论基础

一、生态系统理论

生态系统是在一定的空间内，生物和非生物成分通过物质的循环、能量的流动和信息的交换，而相互作用、相互依存所构成的一个生态功能单元。地球上大至生物圈，小到一片森林、草地、农田都可以看作是一个生态系统。一个生态系统由生产者、消费者、还原者和非生物环境组成，它们有特定的空间结构、物种结构和营养结构。其中营养结构以物质循环和能量流动为特征，形成相互连接的食物链和食物网结构。生态系统的功能包括生物生产、能量流动、物质循环和信息传递。20 世纪 30 年代以后，在对生态是一个能量系统认识的基础上，衍生出了现代生物圈理论，生态系统平衡理论，生态系统破坏、恢复、重建理论等。

（一）现代生物圈理论

生物圈包括平流层的下层、整个对流层、沉积岩圈和水圈。这是一个生命强烈作用和比较集中的范围，特别是，植物在这一范围内起到了能量积聚的主要作用。生物圈的基本结构系统是生态系统，生态系统就是生命系统和环境系统的特定组合。地球表面本身是一个最大的生态系统，由许多大小不同的生态系统组合而成，可分为陆地、海洋两大自然生态系统，陆地生态系统又可分为森林、草原、荒漠、湿地、农田等生态系统，它们都有各自的空间联系顺序，相互之间构成了完整而复杂的生态综合体。

从生物圈的食物链来说，绿色植物作为初级生产者把无机物和太阳能转化为了有机物和生物化学能，通过食草动物、食肉动物，逐级提高物质组织形式和能量性能，最后到人，即构成了食物链。食物链的各个环节"营养级"在数量上，第一营养级必然大大超过第二营养级，而且是逐级大幅度递减，形成了"生态金字塔"。人是生物中最高级的物种，处于生物链金字塔最顶层，人类的大脑、智慧和劳动决定了人类对生物圈的影响，人类必须把自己作为生物圈的一员，和其他生物一起分享大自然，自觉保护生命保障系统，促使生物圈向前演化，而不是退化，只有这样人类才能生存得更美好。实际中，人类的活动及其影响已扩展到了很大区域甚至整个生物圈，人类的经济活动和社会活动构成的经济社会系统叠加在自然生态系统之上，构成了更加复杂的自然—经济—社会复合生态系统。绿色植物是整个生物圈发展的基础和动力，人类要在推动自身发展的同时关注、重视和保护生物圈的每个环节，尤其是森林资源。

现代生物圈理论强调人—地（环境）关系，以实现社会、经济、自然复合生态系统的协调共进，反对只追求经济，不顾环境，也不赞成只讲环境而忽视了社会经济的发展。在特定区域的经济发展过程中，要关注人类经济活动对整个生物圈循环的影响作用。

（二）生态系统平衡理论

生态平衡是生态系统在一定时间内结构与功能的相对稳定状态，其物质和能量的输入输出接近相等，在外部干扰下，其能通过自我调节恢复到原初稳定状态。当外来干扰超越了生态系统自我调节能力，使其不能恢复到原初状态时，称作生态失调或生态平衡破坏。生态平衡是动态的，维护生态平衡不只是保持其原初状态，生态系统在人为的有益影响下，可以建立新平衡，以达到更合理的结构、更高效的功能和更好的生态效益。生态系统平衡是相对的，不平衡是绝对的。生态系统的调节是通过系统的反馈能力、抵抗能力和恢复能力实现的。

平衡的生态系统是健康的，所以功能正常的生态系统可称为健康生态系统，它是稳定的和可持续的，在时间上能够维持它的组织结构和自治以及保有对胁迫的恢复力。评价生态系统的健康程度时可以用活力、组织结构和恢复力等指标。生态系统平衡的相对性和生态系统平衡所隐含的功能的提升，要求我们以正确的态度和方式追求并维护生态系统平衡。

（三）生态系统恢复与重建理论

20世纪50年代以来，随着人口增加，资源开发，环境变迁等，人类存在本身和其各种活动使自然物质循环和能量交换受到了不同程度的干扰和破坏，在人类的影响下，生态系统恢复和重建问题受到了重视。生态系统具有一定的脆弱性和易变性，为保证生态系统的健康和良性循环，需要在科学的理论指导下进行生态系统的恢复与重建。

生态系统可能受到的干扰分为自然干扰和人为干扰，人为干扰附加在自然干扰之上。生态演替在人为的干扰下可能加速、延缓、改变方向甚至向相反方向进行。恢复重建生态系统中"恢复"一词有多种解释。一般地，它意味着将一个目标或对象带回到相似于先前的状态，但并不是原始状态。用修复、康复、重建、复原、再生、更新、再造、改进、改良、调整等均可以来解释恢复。恢复是有意识地对一个地区进行转换和改变，建立一个确定的、原始的、有序的生态系统，这一过程的目标是通过仿效特定生态系统的结构、功能、生物多样性和动态来制定的。

生态系统恢复重建过程中必须遵循以下原则。

1. 物种竞争原则

生态竞争的理论建立在生态位概念的基础上。生态位主要用于描述和分析不同物种相互作用（包括竞争、资源分割、排斥、共存）的方式及多物种群落的结构和稳定性。居群的存在对于居群 N2 的增长率有负面影响，因为两个居群的资源稀缺，而当资源越稀缺时，竞争就越激烈。其造成的潜在结果有三种：多少对等地共享资源；一个或两个居群改变生态位以减少重叠（生态位分割）；一个居群完全被排斥（竞争性排斥）。在缺乏竞争者条件下，一个物种可利用更宽的生态位，相当于基本生态位，这种现象称为"竞争性释放"。在生态系统恢复重建中要考虑到生态竞争的现象，确保重建或恢复的生态系统能处于良性循环中。

2. 物种共生互利原则

森林、草地、湿地、沙漠等陆地生态系统是由不同物种组成的。从生态学和进化生物学的角度看，在一个现实生态系统中，生物物种之间的关系有共存关系、共生关系，这些相互作用可以发生在大气、土壤或水体中，物种之间相互作用或强或弱，或紧密或松散。在一个特定的生态系统内，物种不仅存在着相互竞争，还存在着广泛的互利共生。在生态系统的恢复重建中，促进生物物种之间的互利共生关系具有重要的意义。

3. 重视交错重叠原则

生态系统相互独立的同时又有一定的联系。两种或两种以上的生态系统之间存在着一种"界面"，围绕这个界面向外延伸的"过渡带"的空间域，称为生态系统交错带。由于界面是两种或两种以上相对均衡的系统之间的"突发转换"或"异常空间邻接"，因而表现出了一定的脆弱性，因此也称为生态环境脆弱带，如农牧交错带、水陆交错带、林农或林牧交错带、沙漠边缘带等。交错带的脆弱性表现在：①可替代的概率大，竞争程度高；②可以复原的概率小；③抗干扰能力弱；④界面变化速度快，空间移动能力强；⑤界面是非线性的集中表达区，非连续性的集中显示区，突变产生区。生态系统交错带的脆弱性并不表示该区域生态环境质量最差和自然生产力最低，只是说它对环境变化的敏感性、抵抗外部干扰的能力、生态系统的稳定性较低，如沙漠和湖泊的交错带是绿洲，绿洲的环境质量并不差，生产力也很高，但环境的变化极易导致绿洲的消失。

我国植被恢复既是一个生态系统重建的过程，又是一个脆弱生态系统修复的过程。改善林业生态状况，构建现代林业生态发展战略时，必须遵循生物学的一些基本规律，维护生物的生态与进化过程。恢复生态学、生态位理论、物种互利共生原理、生物多样性原理等生物学理论，这对于西部林业生态建设具有积极的指导意义。宏观上，林业生态建设的规划、布局，林种结构与树种结构，生态系统的类型需要运用这些理论；微观上，一个群落或一片林地需要从以上不同侧面去进行理论探讨和实践。

二、可持续发展理论

传统发展观从社会经济系统内部物质资料再生产的经济现象和过程来研究社会经济运行，将社会再生产过程看成是纯粹的经济资本的运动过程。其理论中最基本的思想是，物质资本积累是促进经济增长的决定因素，经济增长表现为社会物质财富的增长。传统发展观中，自然界被视为一种不变因素，忽视了经济活动和自然界之间相互影响的事实，将生态发展过程排除在社会经济再生产过程之外。在这种发展观的指导下，各国在经济发展过程中开始追求资本推动的 GNP（国内生产总值）增长，使得自然资源消耗过度，与生态环境的摩擦日益加深。在这一背景下，人们不得不开始重新审视传统的发展模式，思考资本、物质财富增长与自然生态环境的关系。

（一）可持续发展的概念和内涵

1. 可持续发展的概念

持续性这一概念是由生态学家首先提出来的，即所谓"生态持续性"，它旨在说明自然资源及其开发利用程度间的平衡。可持续发展是在不超出支持它的生态系统的承载能力的情况下改善人类生活质量。着重于可持续发展的最终落脚点是人类社会，即改善人类生活品质，创造美好的生活环境。

2. 可持续发展的内涵

可持续发展关注生态可持续与经济可持续性的协调发展。生态可持续性是生态系统内部生命系统与其环境系统之间的持续转化再生能力，即保持自然生态过程永续的生产力和持久的变换能力，其本质是生态环境对经济社会可持续发展所具有的生态承受力。经济可持续性是在生态环境承受力范围内，人们生产经营活动的经济增长和可获利性。它要求国民经济系统的产出水平等于或大于它的历史平均值，保持一个产出没有负增长趋势的系统状态。生态与经济的可持续性是交织在一起的。经济发展对生态环境造成了破坏，使生态系统的某些自然物质和能量出现了短缺，这种负效应积累必然会在经济上表现出来，使经济系统得不到足够的物质能量，加剧经济运行的失衡。反之生态环境的保护和改善需要经济力量的支持，只有经济运行系统的承载力与生态系统的承受力相适应，才能实现人口、社会、经济、资源与环境的全面协调发展。

可持续发展并不是排斥社会经济物质财富的增长，而是更关注在经济增长的同时实现与自然资源运动的协调。因此，在控制人口增长的同时，自然资源的可持续利用就成了可持续经济运行的核心问题。这一观念的形成基于自然资源的有限性。生态系统中自然资源的形成与积累要遵循其特定的条件与速度，如果将自然资源转化为物质财富的过程超过了其自身的增长速度，就会破坏生态系统的自组织功能，导致系统的熵增与无序，最终使生态系统崩溃。自然资源是生存价值、环境价值与经济价值的统一体。从完整意义上讲，自然资源可持续利用应当既包括其作为生产资料的经济价值的可持续利用，又包括其生存价值（生命支持能力）、环境（包括净化、保护与功能性生态价值）价值的可持续利用。总之，自然资源的可持续发展需要在人口、经济、生态三个方面得到体现。既不能放弃自然资源与其他要素结合创造财富增值的功能，又要保证自然资源生态环境功能的存续。我国对可持续发展十分重视。可持续发展战略已成了我国的一项长远发展战略。

（二）林业可持续发展

随着对森林资源生态环境效益的日益关注，世界环境与发展委员会、世界银行、国际热带木材组织、联合国可持续发展委员会、世界森林与可持续发展委员会先后从行业角度提出了林业可持续发展的概念。林业可持续发展应包括以下几点：①创造好的外部环境不断提高森林质量；②森林经济效益和生态效益协调统一；③在林业不同层次及规模的管理部门进行相互补充；④为将来森林进行投资；⑤创新意识。

林业可持续发展既要保持林业物质生产的持续增长，又要维持并不断改善社会对森林生态环境不断增加的福利性的要求；既要满足当代人和经济增长对林业的需求，又要考虑到子孙后代对森林环境和林业物质生产需要的延续。

从根本上看，林业可持续发展至少包括以下两个目标：一是林业非物质效益产出能力的持续，包含森林生态环境效益调节能力的稳定性和在此基础上的递进与提高以及生物多样性保护等；二是林业物质产出能力的持续，即森林作为物质资料木材的来源在物质供给能力与经济效益循环过程中的平衡和增长。

第二章 现代林业与生态文明建设

第一节 现代林业与生态环境文明

一、现代林业与生态建设

维护国家的生态安全必须大力开展生态建设。国家要求"在生态建设中，要赋予林业以首要地位"，这是一个很重要的命题。这个命题至少说明现代林业在生态建设中占有极其重要的位置——首要位置。

为了深刻理解现代林业与生态建设的关系，首先，必须明确生态建设所包括的主要内容。生态建设是与经济建设、政治建设、文化建设、社会建设相并列的五大建设之一。经济建设、政治建设、文化建设、社会建设，要加强能源资源节约和生态环境保护，增强可持续发展能力。坚持节约资源和保护环境的基本国策，关系人民群众切身利益和中华民族生存发展。必须把建设资源节约型、环境友好型社会放在工业化、现代化发展战略的突出位置，落实到每个单位、每个家庭。要完善有利于节约能源资源和保护生态环境的法律和政策，加快形成可持续发展体制机制。落实节能减排工作责任制。开发和推广节约、替代、循环利用和治理污染的先进适用技术，发展清洁能源和可再生能源，保护土地和水资源，建设科学合理的能源资源利用体系，提高能源资源利用效率。发展环保产业，加大节能环保投入，重点加强水、大气、土壤等污染防治，改善城乡人居环境。加强水利、林业、草原建设，加强荒漠化、石漠化治理，促进生态修复。加强应对气候变化能力建设，为保护全球气候做出新贡献。

其次，必须认识到现代林业在生态建设中的地位。生态建设的根本目的，是为了提升生态环境的质量，提升人与自然和谐发展、可持续发展的能力。现代林业建设对于实现生态建设的目标起着主体作用，在生态建设中处于首要地位。这是因为，森林是陆地生态系统的主体，在维护生态平衡中起着决定性作用。林业承担着建设和保护"三个系统一个多样性"的重要职能，即建设和保护森林生态系统、管理和恢复湿地生态系统、改善和治理荒漠生态系统、维护和发展生物多样性。科学家把森林生态系统喻为"地球之肺",把湿地生态系统喻为"地球之肾",把荒漠化喻为"地球的癌症",把生物多样性喻为"地球的免疫系统",这"三个系统一个多样性",对保持陆地生态系统的整体功能起着中枢和杠杆作用,无论损害和破坏哪一个生态系统,都会影响地球的生态平衡,影响地球的健康长寿,危及人类生存的根基。只有建设和保护好这些生态系统,维护和发展好生物多样性,人类才能永远地在地球这一共同的美丽家园里繁衍生息,发展进步。

(一)森林被誉为"大自然的总调节器",维持着全球的生态平衡

地球上的自然生态系统可划分为陆地生态系统和海洋生态系统。其中森林生态系统是陆地生态系统中组成最复杂、结构最完整、能量转换和物质循环最旺盛、生物生产力最高、生态效应最强的自然生态系统;是构成陆地生态系统的主体;是维护地球生态安全的重要保障,在地球自然生态系统中占有首要地位。森林在调节生物圈、大气圈、水圈、土壤圈的动态平衡中起着基础性、关键性作用。

(二)森林在生物世界和非生物世界的能量和物质交换中扮演着主要角色

森林作为一个陆地生态系统,具有最完善的营养级体系,即从生产者(森林绿色植物)、消费者(包括草食动物、肉食动物、杂食动物以及寄生和腐生动物)到分解者全过程完整的食物链和典型的生态金字塔。由于森林生态系统面积大,树木形体高大,结构复杂,多层的枝叶分布使叶面积指数大,因此光能利用率和生产力在天然生态系统中是最高的。除了热带农业以外,净生产力最高的就是热带森林。与温带地区几个生态系统类型的生产力相比较,森林生态系统的平均值是最高的。以光能利用率来看,由于森林面积大,光合利用率高,因此森林的生产力和生物量均比其他生态系统类型高。因此,森林是地球上最大的自然能量储存库。

(三)森林对保持全球生态系统的整体功能起着中枢和杠杆作用

在世界范围内,由于森林剧减,引发日益严峻的生态危机。森林减少是由于人类长期活动的干扰造成的。在人类文明之初,人少林茂兽多,常用焚烧森林的办法,获得熟食和土地,并借此抵御野兽的侵袭。进入农耕社会之后,人类的建筑、薪材、交通工具和制造工具等,皆需要采伐森林,尤其是农业用地、经济林的种植,皆由原始森林转化而来。工业革命兴起,大面积森林又变成工业原材料。直到今天,城乡建设、毁林开垦、采伐森林,仍然是许多国家经济发展的重要方式。

伴随着人类对森林的一次次破坏,接踵而来的是森林对人类的不断报复。巴比伦文明毁灭了,玛雅文明消失了,黄河文明衰退了。水土流失、土地荒漠化、洪涝灾害、干旱缺

水、物种灭绝、温室效应，无一不与森林面积减少、质量下降密切相关。

我国森林的破坏导致了水患和沙患两大心腹之患。西北高原森林的破坏导致大量泥沙进入黄河，使黄河成为一条悬河。长江流域森林的破坏也是近现代以来长江水灾不断加剧的根本原因。北方几十万平方千米的沙漠化土地和日益肆虐的沙尘暴，也是森林破坏的恶果。人们总是经不起森林的诱惑，索取物质材料，却总是忘记森林作为大地屏障、江河的保姆、陆地生态系统的主体，对于人类的生存具有不可替代的整体性和神圣性。

地球上包括人类在内的一切生物都以其生存环境为依托。森林是人类的摇篮、生存的庇护所，它用绿色装点大地，给人类带来生命和活力，带来智慧和文明，也带来资源和财富。森林是陆地生态系统的主体，是自然界物种最丰富、结构最稳定、功能最完善也最强大的资源库、再生库、基因库、碳储库、蓄水库和能源库，除了能提供食品、医药、木材及其他生产生活原料外，还具有调节气候、涵养水源、保持水土、防风固沙、改良土壤、减少污染、保护生物多样性、减灾防洪等多种生态功能，对改善生态、维持生态平衡、保护人类生存发展的自然环境起着基础性、决定性和不可替代的作用。在各种生态系统中，森林生态系统对人类的影响最直接、最重大，也最关键。离开了森林的庇护，人类的生存与发展就会丧失根本和依托。

森林和湿地是陆地最重要的两大生态系统，它们以70%以上的程度参与和影响着地球化学循环的过程，在生物界和非生物界的物质交换和能量流动中扮演着主要角色，对保持陆地生态系统的整体功能、维护地球生态平衡、促进经济与生态协调发展发挥着中枢和杠杆作用。林业就是通过保护和增强森林、湿地生态系统的功能来生产生态产品。这些生态产品主要包括：吸收 CO_2、释放 O_2、涵养水源、保持水土、净化水质、防风固沙、调节气候、清洁空气、减少噪声、吸附粉尘、保护生物多样性等。

二、现代林业与生物安全

（一）生物安全问题

生物安全是生态安全的一个重要领域。目前，国际上普遍认为，威胁国家安全的不只是外敌入侵，诸如外来物种的入侵、转基因生物的蔓延、基因食品的污染、生物多样性的锐减等生物安全问题也危及人类的未来和发展，也直接影响着国家安全。维护生物安全，对于保护和改善生态环境，保障人的身心健康，保障国家安全，促进经济、社会可持续发展，具有重要的意义。在生物安全问题中，与现代林业紧密相关的主要是生物多样性锐减及外来物种入侵。

1. 生物多样性锐减

由于森林的大规模破坏，全球范围内生物多样性显著下降。由于森林的大量减少和其他种种因素，现在物种的灭绝速度是自然灭绝速度的千倍。

这种消亡还呈惊人的加速之势，20世纪70年代是每周1个，80年代是每天1个，90年代几乎是每小时1个。有许多物种在人类还未认识之前，就携带着它们特有的基因从地球上消失了，而它们对人类的价值很可能是难以估量的。我国的野生动植物资源十分丰富，在世界上占有重要地位。由于我国独特的地理环境，有大量的特有种类，并保存着许多古老的孑遗动植物属种，如有活化石之称的大熊猫、白鳍豚、水杉、银杉等。但随着生态环境的不断恶化，野生动植物的栖息环境受到破坏，对野生动植物的生存造成极大危害，使其种群急剧减少，有的已灭绝，有的正面临灭绝的威胁。

2. 外来物种入侵

外来物种入侵是指在自然、半自然生态系统或生态环境中，外来物种建立种群并影响和威胁到本地生物多样性的过程。毋庸置疑，正确的外来物种的引进会增加引种地区生物的多样性，也会极大丰富人们的物质生活。相反，不适当的引种则会使得缺乏自然天敌的外来物种迅速繁殖，并抢夺其他生物的生存空间，进而导致生态失衡及其他本地物种的减少和灭绝，严重危及一国的生态安全。从某种意义上说，外来物种引进的结果具有一定程度的不可预见性。这也使得外来物种入侵的防治工作显得更加复杂和困难。在国际层面上，目前已制定有以《生物多样性公约》为首的防治外来物种入侵等多边环境条约以及与之相关的卫生、检疫制度或运输的技术指导文件等。

20世纪80年代以后，林业外来有害生物的入侵速度明显加快，每年给我国造成经济损失数量之大触目惊心。外来物种入侵既与自然因素和生态条件有关，更与国际贸易和经济的迅速发展密切相关，人为传播已成为其迅速扩散蔓延的主要途径。因此，如何有效抵御外来物种入侵是摆在我们面前的一个重要问题。

（二）加强林业生物安全保护的对策

1. 加强保护森林生物多样性

根据森林生态学原理，在充分考虑物种生存环境的前提下，用人工促进的方法保护森林生物多样性。一是强化林地管理。林地是森林生物多样性的载体，在统筹规划不同土地利用形式的基础上，要确保林业用地不受侵占及毁坏。林地用于绿化造林，采伐后及时更新，保证有林地占林业用地的足够份额。在荒山荒地造林时，贯彻适地适树营造针阔混交林的原则，增加森林的生物多样性。二是科学分类经营。实施可持续林业经营管理对森林实施科学分类经营，按不同森林功能和作用采取不同的经营手段，为森林生物多样性保护提供了新的途径。三是加强自然保护区的建设。对受威胁的森林动植物实施就地保护和迁地保护策略，保护森林生物多样性。建立自然保护区有利于保护生态系统的完整性，从而保护森林生物多样性。四是建立物种的基因库。这是保护遗传多样性的重要途径，同时信息系统是生物多样性保护的重要组成部分。因此，尽快建立先进的基因数据库，并根据物种存在的规模、生态环境、地理位置建立不同地区适合生物进化、生存和繁衍的基因局域保护网，最终形成全球性基因保护网，实现共同保护的目的。也可建立生境走廊，把相互隔离的不同地区的生境连接起来构成保护网、种子库等。

2. 防控外来有害生物入侵蔓延

一是加快法治进程，实现依法管理。建立完善的法律体系是有效防控外来物种的首要任务。要修正立法目的，制定防控外来生物入侵的专门性法律，要从国家战略的高度对现有法律法规体系进行全面评估，并在此基础上通过专门性立法来扩大调整范围，对管理的对象、权利与责任等问题做出明确规定。要建立和完善外来入侵物种管理过程中的责任追究机制，做到有权必有责，用权受监督，侵权要赔偿。二是加强机构和体制建设，促进各职能部门行动协调。对外来入侵物种的管理是政府一项长期的任务，涉及多个环节和诸多部门，应实行统一监督管理与部门分工负责相结合，中央监管与地方管理相结合，政府监管与公众监督相结合的原则，进一步明确各部门的权限划分和相应的职责，在检验检疫，农、林、牧、渔、海洋、卫生等多部门之间建立合作协调机制，以共同实现对外来入侵物种的有效管理。三是加强检疫封锁。实践证明，检疫制度是抵御外来生物入侵的重要手段之一，特别是对于无意引进而言，无疑是一道有效的安全屏障。要进一步完善检验检疫配套法规与标准体系及各项工作制度建设，不断加强信息收集、分析有害生物信息网络，强化疫情意识，加大检疫执法力度，严把国门。在科研工作方面，要强化基础建设，建立控制外来物种技术支持基地；加强检验、监测和检疫处理新技术研究，加强有害生物的生物学、生态学、毒理学研究。四是加强引种管理，防止人为传入。要建立外来有害生物入侵风险的评估方法和评估体系。立引种政策，建立经济制约机制，加强引种后的监管。五是加强教育引导，提高公众防范意识。还要加强国际交流与合作。

3. 加强对林业转基因生物的安全监管

随着国内外生物技术的不断创新发展，人们对转基因植物的生物安全性问题也越来越关注。可以说，生物安全和风险评估本身是一个进化过程，随着科学的发展，生物安全的概念、风险评估的内容、风险的大小以及人们所能接受的能力都将发生变化。与此同时，植物转化技术将不断在转化效率和精确度等方面得到改进。因此，在利用转基因技术对树木进行改造的同时，我们要处理好各方面的关系。一方面应该采取积极的态度去开展转基因林木的研究；另一方面要加强对转基因林木生态安全性的评价和监控，降低其可能对生态环境造成的风险，使转基因林木扬长避短，开创更广阔的应用前景。

三、现代林业与人居生态质量

（一）现代人居生态环境问题

城市化的发展和生活方式的改变在为人们提供各种便利的同时，也给人类健康带来了新的挑战。在中国的许多城市，各种身体疾病和心理疾病，正在成为人类健康的"隐形杀手"。

1. 空气污染

我们周围的空气质量与我们的健康和寿命紧密相关。空气污染可导致人类患支气管病和癌症的概率增加。

2. 土壤、水污染

现在，许多城市郊区的环境污染已经深入到土壤、地下水，达到了即使控制污染源，短期内也难以修复的程度。

3. 灰色建筑、光污染

夏季阳光强烈照射时，城市里的玻璃幕墙、釉面砖墙、磨光大理石和各种涂层反射线会干扰视线，损害视力。长期生活在这种视觉空间里，人的生理、心理都会受到很大影响。

4. 紫外线、环境污染

强光照在夏季时会灼伤人体皮肤，而且辐射强烈，使周围环境温度增高，影响人们的户外活动。同时城市空气污染物含量高，对人体皮肤也十分有害。

5. 噪声污染

城市现代化工业生产、交通运输、城市建设造成环境噪声的污染也日趋严重，已成为城市环境的一大公害。

6. 心理疾病

很多城市的现代化建筑不断增加，人们的工作生活节奏不断加快，而自然的东西越来越少，接触自然成为偶尔为之的奢望，这是造成很多人心理疾病的重要因素。

7. 城市灾害

城市建筑集中，人口密集，发生地震、火灾等重大灾害时，把人群快速疏散到安全地带，对于减轻灾害造成的人员伤亡非常重要。

（二）人居森林和湿地的功能

1. 城市森林的功能

发展城市森林、推进身边增绿是建设生态文明城市的必然要求，是实现城市经济社会科学发展的基础保障，是提升城市居民生活品质的有效途径，是建设现代林业的重要内容。一个城市只有具备良好的森林生态系统，使森林和城市融为一体，高大乔木绿色葱茏，各类建筑错落有致，自然美和人文美交相辉映，人与自然和谐相处，才能称得上是发达的、文明的现代化城市。当前，我国许多城市，特别是工业城市和生态脆弱的地区城市，生态承载力低已经成为制约经济社会科学发展的重要因素。在城市化进程不断加快、城市生态面临巨大压力的今天，通过大力发展城市森林，为城市经济社会科学发展提供更广阔的空间，显得越来越重要，越来越迫切。许多国家都在开展"人居森林"和"城市林业"的研究和尝试。事实证明，几乎没有一座清洁优美的城市不是靠森林起家的。城市森林是城市生态系统中具有自净功能的重要组成部分，在调节生态平衡、改善环境质量以及美化景观等方面具有极其重要的作用。下面从生态、经济和社会三个方面阐述城市森林为人类带来的效益。

（1）净化空气，维持碳氧平衡

城市森林对空气的净化作用，主要表现在能杀灭空气中分布的细菌，吸滞烟灰粉尘，稀释、分解、吸收和固定大气中的有毒有害物质，再通过光合作用形成有机物质。绿色植物能扩大空气负离子量，城市林带中空气负离子的含量是城市房间里的 $200\sim400$ 倍。以乔灌草结构的复层林中空气负离子水平最高，空气质量最佳，空气清洁度等级最高，而草坪的各项指标最低，说明高大乔木对提高空气质量起主导作用。城市森林能有效改善城区内的碳氧平衡。植物通过光合作用吸收 CO_2，释放 O_2，在城市低空范围内从总量上调节和改善城区碳氧平衡状况，缓解或消除局部缺氧，改善局部地区空气质量。

（2）调节和改善城市小气候，增加湿度，减弱噪声

城市近自然森林对整个城市的降水、湿度、气温、气流都有一定的影响，能调节城市小气候。林草能缓和阳光的热辐射，使酷热的天气降温、去燥，给人以舒适的感觉。植物通过叶片大量蒸腾水分而消耗城市中的辐射热，并通过树木枝叶形成的浓荫阻挡太阳的直接辐射热和来自路面、墙面和相邻物体的反射热产生降温增湿效益，对缓解城市热岛效应

具有重要意义。此外，城市森林可减弱噪声。

（3）维护生物物种的多样性

城市森林的建设可以提高初级生产者（树木）的产量，保持食物链的平衡，同时为兽类、昆虫和鸟类提供栖息场所，使城市中的生物种类和数量增加，保持生态系统的平衡，维护和增加生物物种的多样性。

（4）城市森林带来的社会效益

城市森林社会效益是指森林为人类社会提供的除经济效益和生态效益之外的其他一切效益，包括对人类身心健康的促进、对人类社会结构的改进以及对人类社会精神文明状态的改进。城市森林社会效益的构成因素包括：精神和文化价值，游憩、游戏和教育机会，对森林资源的接近程度，国有林经营和决策中公众的参与，人类健康和安全等。城市森林的社会效益表现在美化市容，为居民提供游憩场所。以乔木为主的乔灌木结合的"绿道"系统，能够提供良好的遮阴与湿度适中的小环境，减少酷暑行人曝晒的痛苦。城市森林有助于市民绿色意识的形成。城市森林还具有一定的医疗保健作用。城市森林建设的启动，除了可以提供大量绿化施工岗位外，还可以带动苗木培育、绿化养护等相关产业的发展，为社会提供大量新的就业岗位。城市森林为市民带来一定的精神享受，让人们在城市的绿色中减轻或缓解生活的压力，能激发人们的艺术与创作灵感。城市森林能美化市容，提升城市的地位。

2. 湿地在改善人居方面的功能

湿地与人类的生存、繁衍、发展息息相关，是自然界最富生物多样性的生态系统和人类最主要的生存环境之一，它不仅为人类的生产、生活提供多种资源，而且具有巨大的环境功能和效益，在抵御洪水、调节径流、蓄洪防旱、降解污染、调节气候、控制土壤侵蚀、促淤造陆、美化环境等方面有其他系统不可替代的作用。湿地被誉为"地球之肾"和"生命之源"。由于湿地具有独特的生态环境和经济功能，同森林——"地球之肺"有着同等重要的地位和作用，是国家生态安全的重要组成部分，所以湿地的保护必然成为全国生态建设的重要任务。湿地的生态服务价值居全球各类生态系统之首，不仅能储藏大量淡水，还具有独一无二的净化水质功能，且成本极其低廉；运行成本亦极低，是其他方法的 $1/10 \sim 1/6$。因此，湿地对地球生态环境保护及人类和谐持续发展具有极为重要的作用。

（1）物质生产功能

湿地具有强大的物质生产功能，它蕴藏着丰富的动植物资源。

（2）大气组分调节功能

湿地内丰富的植物群落能够吸收大量的 CO_2 放出 O_2，湿地中的一些植物还具有吸收空气中有害气体的功能，能有效调节大气组分。但同时也必须注意到，湿地生境也会排放出甲烷、氨气等温室气体。沼泽有很大的生物生产效能，植物在有机质形成过程中，不断吸收 CO_2 和其他气体，特别是一些有害的气体。沼泽地上的 O_2 很少消耗于死亡植物残体的分解。沼泽还能吸收空气中的粉尘及携带的各种菌，从而起到净化空气的作用。另外，沼泽堆积物具有很大的吸附能力，污水或含重金属的工业废水，通过沼泽能吸附其金属离子和有害成分。

（3）水分调节功能

湿地在时空上可分配不均的降水，通过湿地的吞吐调节，避免水旱灾害。沼泽湿地具有湿润气候、净化环境的功能，是生态系统的重要组成部分。其大部分发育在负地貌类型中，长期积水，生长了茂密的植物，其下根茎交织，残体堆积。

（4）净化功能

一些湿地植物能有效地吸收水中的有毒物质，净化水质，如氮、磷、钾及其他一些有机物质，通过复杂的物理、化学变化被生物体储存起来，或者通过生物的转移（如收割植物、捕鱼等）等途径，永久地脱离湿地，参与更大范围的循环。沼泽湿地中有相当一部分的水生植物，包括挺水性、浮水性和沉水性的植物，具有很强的清除毒物的能力，是毒物的克星。正因为如此，人们常常利用湿地植物的这一生态功能来净化污染物中的病毒，有效地清除了污水中的"毒素"，达到了净化水质的目的。例如，凤眼莲、香蒲和芦苇等被广泛地用来处理污水，用来吸收污水中浓度很高的重金属镉、铜、锌等。

（5）调节城市小气候

湿地水分通过蒸发成为水蒸气，然后又以降水的形式降到周围地区，可以保持当地的湿度和降水量。

（6）能源与航运

湿地能够提供多种能源，水电在中国电力供应中占有重要地位，水能蕴藏占世界第一位。我国沿海多河口港湾，蕴藏着巨大的潮汐能。从湿地中直接采挖泥炭用于燃烧，将湿地中的林草作为薪材，是湿地周边农村中重要的能源来源。另外，湿地有着重要的水运价值，沿海沿江地区经济的快速发展，很大程度上是受惠于此。

（7）旅游休闲和美学价值

湿地具有自然观光、旅游、娱乐等美学方面的功能，中国有许多重要的旅游风景区都分布在湿地区域。滨海的沙滩、海水是重要的旅游资源，还有不少湖泊因自然景色壮观秀丽而吸引人们向往，辟为旅游和疗养胜地。滇池、太湖、洱海、杭州西湖等都是著名的风景区，除可创造直接的经济效益外，还具有重要的文化价值。尤其是城市中的水体，在美化环境、调节气候、为居民提供休憩空间方面有着重要的社会效益。湿地生态旅游是在观赏生态环境、领略自然风光的同时，以普及生态、生物及环境知识，保护生态系统及生物多样性为目的的新型旅游，是人与自然的和谐共处，是人对大自然的回归。发展生态湿地旅游能提高公共生态保护意识，促进保护区建设，反过来又能向公众提供赏心悦目的景色，实现保护与开发目标的双赢。

（8）教育和科研价值

复杂的湿地生态系统、丰富的动植物群落、珍贵的濒危物种等，在自然科学教育和研究中都具有十分重要的作用，它们为教育和科学研究提供了对象、材料和试验基地。一些湿地中保留着过去和现在的生物、地理等方面演化进程的信息，在研究环境演化、古地理方面有着重要价值。

3. 城乡人居森林促进居民健康

科学研究和实践表明，数量充足、配置合理的城乡人居森林可有效促进居民身心健康，并在重大灾害来临时起到保障居民生命安全的重要作用。

（1）饮食安全

利用树木、森林对城市地域范围内的受污染土地、水体进行修复，是最为有效的土壤清污手段，建设污染隔离带与已污染土壤片林，不仅可以减轻污染源对城市周边环境的污染，也可以使土壤污染物通过植物的富集作用得到清除，恢复土壤的生产与生态功能。

（2）绿色环境

"绿色视率"理论认为，在人的视野中，绿色达到25%时，就能消除眼睛和心理的疲劳，使人的精神和心理最舒适。林木繁茂的枝叶、庞大的树冠使光照强度大大减弱，减少了强光对人们的不良影响，营造出绿色视觉环境，也会对人的心理产生多种效应，带来许多积极的影响，使人产生满足感、安逸感、活力感和舒适感。

（3）肌肤健康

医学研究证明，森林、树木形成的绿荫能够降低光照强度，并通过有效地截留太阳辐射，改变光质，对人的神经系统有镇静作用，能使人产生舒适和愉快的情绪，防止直射光产生的色素沉着，还可防止诱发荨麻疹、丘疹、水疱等过敏反应。

（4）维持宁静

森林对声波有散射、吸收功能。在公园外侧、道路和工厂区建立缓冲绿带，都有明显减弱或消除噪声的作用。

（5）自然疗法

森林中含有高浓度的 O_2、丰富的空气负离子和植物散发的"芬多精"。到树林中去沐浴——"森林浴"，置身于充满植物的环境中，可以放松身心，舒缓压力。长期生活在城市环境中的人，在森林自然保护区生活一周后，其神经系统、呼吸系统、心血管系统功能都有明显的改善作用，机体非特异性免疫能力有所提高，抗病能力增强。

（6）安全绿洲

城市各种绿地对于减轻地震、火灾等重大灾害造成的人员伤亡非常重要，是"安全绿洲"和临时避难场所。

此外，在家里种养一些绿色植物，可以净化室内受污染的空气。以前，我们只是从观赏和美化的作用来看待家庭种养花卉。

我们关注生活、关注健康、关注生命，就要关注我们周边生态环境的改善，关注城市森林建设。遥远的地方有森林，有湿地，有蓝天白云，有瀑布流水，有鸟语花香，但对于我们遥不可及，我们亲身体验的机会不多。城市森林、树木以及各种绿色植物对城市污染，对人居环境能够起到不同程度的缓解、改善作用，可以直接为城市所用，为城市居民所用，带给城市居民的是日积月累的好处，与居民的健康息息相关。

第二节　现代林业与生态物质文明

一、现代林业与经济建设

（一）林业推动生态经济发展的理论基础

1. 自然资本理论

自然资本理论为森林对生态经济发展产生巨大作用提供立论根基。生态经济是对200多年来传统发展方式的变革，它的一个重要的前提就是自然资本正在成为人类发展的主要因素，自然资本将越来越受到人类的关注，进而影响经济发展。森林资源作为可再生的资源，是重要的自然生产力，它所提供的各种产品和服务对经济具有较大的促进作用，同时也将变得越来越稀缺。森林作为陆地生态系统中重要的光合作用载体，约占全球光合作用的1/3，森林的利用对于生态经济发展具有重要的作用。

2. 生态经济理论

生态经济理论为林业作用于生态经济提供发展方针。首先，生态经济要求将自然资本新的稀缺性作为经济过程的内生变量，要求提高自然资本的生产率以实现自然资本的节约，这给林业发展的启示是要大力提高林业本身的效率，包括森林的利用效率。其次，生态经济强调好的发展应该是在一定的物质规模情况下的社会福利的增加，森林的利用规模不是越大越好，而是具有相对的一个度，林业生产的规模也不是越大越好，关键看是不是能很合适地嵌入到经济的大循环中。再次，在生态经济关注物质规模一定的情况下，物质分布需要从占有多的向占有少的流动，以达到社会的和谐，林业生产将平衡整个经济发展中的资源利用。

3. 环境经济理论

环境经济理论提高了在生态经济中发挥林业作用的可操作性。环境经济学强调当人类活动排放的废弃物超过环境容量时，为保证环境质量必须投入大量的物化劳动和活劳动。这部分劳动已越来越成为社会生产中的必要劳动，发挥林业在生态经济中的作用越来越成为一件社会认同的事情，其社会和经济可实践性大大增加。环境经济学理论还认为为了保障环境资源的永续利用，必须改变对环境资源无偿使用的状况，对环境资源进行计量，实行有偿使用，使社会不经济性内在化，使经济活动的环境效应能以经济信息的形式反馈到国民经济计划和核算的体系中，保证经济决策既考虑直接的近期效果，又考虑间接的长远效果。环境经济学为林业在生态经济中的作用的发挥提供了方法上的指导，具有较强的实践意义。

4. 循环经济理论

循环经济的"3R"原则为林业发挥作用提供了具体目标。"减量化、再利用和资源化"是循环经济理论的核心原则，具有清晰明了的理论路线，这为林业贯彻生态经济发展方针提供了具体、可行的目标。首先，林业自身是贯彻"3R"原则的主体，林业是传统经济中的重要部门，为国民经济和人民生活提供丰富的木材和非木质林产品，为造纸、建筑和装饰装潢、煤炭、车船制造、化工、食品、医药等行业提供重要的原材料，林业本身要建立循环经济体，要贯彻好"3R"原则。其次，林业促进其他产业乃至整个经济系统实现"3R"，森林具有固碳制氧、涵养水源、保持水土、防风固沙等生态功能，为人类的生产生活提供必需的 O_2，吸收 CO_2，净化经济活动中产生的废弃物，在减缓地球温室效应、维护国土生态安全的同时，也为农业、水利、水电、旅游等国民经济部门提供着不可或缺的生态产品和服务，是循环经济发展的重要载体和推动力量，促进了整个生态经济系统实现循环经济。

（二）现代林业促进经济排放减量化

1. 林业自身排放的减量化

林业本身是生态经济体，排放到环境中的废弃物少。以森林资源为经营对象的林业第一产业是典型的生态经济体，木材的采伐剩余物可以留在森林，通过微生物的作用降解为腐殖质，重新参与到生物地球化学循环中。随着生物肥料、生物药剂的使用，在初级非木质林产品生产过程中几乎不会产生对环境具有破坏作用的废弃物。林产品加工企业也是减量化排放的实践者，通过技术改革，完全可以实现对木竹材的全利用，对林木的全树利用和多功能、多效益的高效循环利用，实现对自然环境排放的最小化。例如，竹材加工中竹竿可进行拉丝，梢头可用于编织，竹下端可用于烧炭，实现了全竹利用；林浆纸一体化循环发展模式促使原本分离的林、浆、纸三个环节整合在一起，让造纸业承担起造林业的责任，自己解决木材原料的问题，发展生态造纸，形成以纸养林，以林促纸的生产格局，促进造纸企业永续经营和造纸工业的可持续发展。

2. 林业促进废弃物的减量化

森林吸收其他经济部门排放的废弃物，使生态环境得到保护。发挥森林对水资源的涵养、调节气候等功能，为水电、水利、旅游等事业发展创造条件，实现森林和水资源的高效循环利用，减少和预防自然灾害，加快生态农业、生态旅游等事业的发展。林区功能型生态经济模式有林草模式、林药模式、林牧模式、林菌模式、林禽模式等。森林本身具有生态效益，对其他产业产生的废气、废水、废弃物具有吸附、净化和降解作用，是天然的过滤器和转化器，能将有害气体转化为新的可利用的物质，如对 SO_2、碳氢化合物、氟化物，可通过林地微生物、树木的吸收，削减其危害程度。

林业促进其他部门减量化排放。森林替代其他材料的使用，减少了资源的消耗和环境的破坏。森林资源是一种可再生的自然资源，可以持续性地提供木材，木材等森林资源的加工利用能耗小，对环境的污染也较轻，是理想的绿色材料。木材具有可再生、可降解、可循环利用、绿色环保的独特优势，与钢材、水泥和塑料并称四大材料。木材的可降解性减少了对环境的破坏。另外，森林是一种十分重要的生物质能源，就其能源当量而言，是仅次于煤、石油、天然气的第四大能源。大力开发利用生物质能源，有利于减少煤炭资源过度开采，对于弥补石油和天然气资源短缺、增加能源总量、调整能源结构、缓解能源供应压力、保障能源安全有显著作用。

森林发挥生态效益，在促进能源节约中发挥着显著作用。由于城市热岛增温效应加剧城市的酷热程度，致使夏季用于降温的空调消耗电能大大增加。森林和湿地由于能够降低城市热岛效应，从而减少城市在夏季由于空调而产生的电力消耗。

（三）现代林业促进产品的再利用

1. 森林资源的再利用

森林资源本身可以循环利用。森林是物质循环和能量交换系统，可以持续地提供生态服务。森林通过合理的经营，能够源源不断地提供木质和非木质产品。木材采掘业的循环过程为"培育—经营—利用—再培育"，林地资源通过合理的抚育措施，可以保持生产力，经过多个轮伐期后仍然具有较强的地力。其关键是确定合理的轮伐期，自法正林理论诞生开始，人类一直在探索循环利用森林，至今我国规定的采伐限额制度也是为了维护森林的可持续利用，在非木质林产品生产上也可以持续产出。森林的旅游效益也可以持续发挥，而且由于森林的林龄增加，旅游价值也持续增加，其所蕴含的森林文化也在不断积淀的基础上更新发展，使森林资源成为一个从物质到文化、从生态到经济均可以持续再利用的生态产品。

2. 林产品的再利用

森林资源生产的产品都易于回收和循环利用，大多数的林产品可以持续利用。在现代人类的生产生活中，以森林为主的材料占相当大的比例，主要有原木、锯材、木制品、人造板和家具等以木材为原料的加工品、松香和橡胶及纸浆等林化产品。这些产品在技术可能的情况下都可以实现重复利用，而且重复利用期相对较长，这体现在二手家具市场发展、旧木材的利用、橡胶轮胎的回收利用等。

3. 林业促进其他产品的再利用

森林和湿地促进了其他资源的重复利用。森林具有净化水质的作用，水经过森林的过滤可以再被利用；森林具有净化空气的作用，空气经过净化可以重复变成新鲜空气；森林还具有保持水土的功能，对农田进行有效保护，使农田能够保持生产力；森林对矿山、河流、道路等也同时存在保护作用，使这些资源能够持续利用。湿地具有强大的降解污染功能，维持着96%的可用淡水资源，以其复杂而微妙的物理、化学和生物方式发挥着自然净化器的作用。湿地对所流入的污染物进行过滤、沉积、分解和吸附，实现污水净化，相当于一个大型污水处理厂的净化规模。

二、现代林业与粮食安全

（一）林业保障粮食生产的生态条件

森林是农业的生态屏障，林茂才能粮丰。森林通过调节气候、保持水土、增加生物多样性等生态功能，可有效改善农业生态环境，增强农牧业抵御干旱、风沙、干热风、台风、冰雹、霜冻等自然灾害的能力，促进农业高产稳产。实践证明，加强农田防护林建设，是改善农业生产条件，保护基本农田，巩固和提高农业综合生产能力的基础。在我国，特别是北方地区，自然灾害严重。建立农田防护林体系，包括林网、经济林、四旁绿化和一定数量的生态片林，能有效地保证农业高产稳产。由于林木根系分布在土壤深层，不与地表的农作物争肥，并为农田防风保湿，调节局部气候，加之林中的枯枝落叶及林下微生物的理化作用，能改善土壤结构，促进土壤熟化，从而增强土壤自身的增肥功能和农田持续生产的潜力。在山地、丘陵的中上部保留发育良好的生态林，对于山下部的农田增产也会起到促进作用。此外，森林对保护草场，保障畜牧业、渔业发展也有积极影响。

相反，森林毁坏会导致沙漠化，恶化人类粮食生产的生态条件。由于森林资源的严重破坏，中国西部及黄河中游地区水土流失、洪水、干旱和荒漠化灾害频繁发生，农业发展也受到极大制约。

（二）林业直接提供森林食品和牲畜饲料

林业可以直接生产木本粮油、食用菌等森林食品，还可为畜牧业提供饲料。经济林中相当一部分属于木本粮油、森林食品，发展经济林大有可为。经济林是我国五大林种之一，也是经济效益和生态效益结合得最好的林种。经济林是指以生产果品、食用油料、饮料、调料、工业原料和药材等为主要目的的林木。我国适生的经济林树种繁多，达一千多种，主栽的树种有 30 多个，每个树种的品种多达几十个甚至上百个。经济林已成为我国农村经济中一项短平快、效益高、潜力大的新型主导产业。我国经济林发展速度迅猛。我国实施农村产业结构战略性调整，开展退耕还林以及人民生活水平的不断提高，为我国经济林产业的大发展提供了前所未有的机遇和广阔市场前景，我国经济林产业建设将会呈现更加蓬勃发展的强劲势头。

第三节　现代林业与生态精神文明

一、现代林业与生态教育

（一）森林和湿地生态系统的实践教育作用

森林生态系统是陆地上覆盖面积最大、结构最复杂、生物多样性最丰富、功能最强大的自然生态系统，在维护自然生态平衡和国土安全中处于其他任何生态系统都无可替代的主体地位。健康完善的森林生态系统是国家生态安全体系的重要组成部分，也是实现经济与社会可持续发展的物质基础。人类离不开森林，森林本身就是一座内容丰富的知识宝库，是人们充实生态知识、探索动植物王国奥秘、了解人与自然关系的最佳场所。森林文化是人类文明的重要内容，是人类在社会历史过程中用智慧和劳动创造的森林物质财富和精神财富综合的结晶。森林、树木、花草会分泌香气，其景观具有季相变化，还能形成色彩斑斓的奇趣现象，是人们休闲游憩、健身养生、卫生保健、科普教育、文化娱乐的场所，让人们体验"回归自然"的无穷乐趣和美好享受，这就形成了独具特色的森林文化。

湿地是重要的自然资源，具有保持水源、净化水质、蓄洪防旱、调节气候、促游造陆、减少沙尘暴等巨大生态功能，也是生物多样性富集的地区之一，保护了许多珍稀濒危野生动植物物种。湿地不仅仅是我们传统认识上的沼泽、泥炭地、滩涂等，还包括河流、湖泊、水库、稻田以及退潮时水深不超过 6m 的海域。湿地不仅为人类提供大量食物、原料和水资源，而且在维持生态平衡、保持生物多样性以及蓄洪防旱、降解污染等方面也起到重要作用。我国是世界上湿地生物多样性最丰富的国家之一，因此，在开展生态文明观教育的过程中，要以森林、湿地生态系统为教材，把森林、野生动植物、湿地和生物多样性保护作为开展生态文明观教育的重点，通过教育让人们感受到自然的美。自然美作为非人类加工和创造的自然事物之美的总和，它给人类提供了美的物质素材。生态美学是一种人与自然和社会达到动态平衡、和谐一致的处于生态审美状态的崭新的生态存在论美学观。这是一种理想的审美的人生，一种"绿色的人生"，是对人类当下"非美的"生存状态的一种批判和警醒，更是对人类永久发展、世代美好生存的深切关怀，也是对人类得以美好生存的自然家园的重建。生态审美教育对于协调人与自然、社会的关系起着重要的作用。

这种实地教育，会给受教育者带来完全不同于书本学习的感受，加深其对自然的印象，增进人与大自然之间的感情，也必然会更有效地促进人与自然和谐相处。森林与湿地系统的教育功能至少能给人们的生态价值观、生态平衡观、自然资源观带来全新的概念和内容。

生态价值观要求人类把生态问题作为一个价值问题来思考，不能仅认为自然界对于人类来说只有资源价值、科研价值和审美价值，而且还有重要的生态价值。所谓生态价值是指各种自然物在生态系统中都占有一定的"生态位"，对于生态平衡的形成、发展、维护都具有不可替代的作用。它是不以人的意志为转移的，它不依赖人类的评价，不管人类存在不存在，也不管人类的态度和偏好，它都是存在的。毕竟在人类出现之前，自然生态就已经存在了。生态价值观要求人类承认自然的生态价值，尊重生态规律，不能以追求自己的利益作为唯一的出发点和动力，不能总认为自然资源是无限的、无价的和无主的，而应当视其为人类的最高价值或最重要的价值。人类作为自然生态的管理者，作为自然生态进化的引导者，具有义不容辞地维护、发展、繁荣、更新和美化地球生态系统的责任。生态价值观从更全面更长远的意义上深化了人与自然关系的理解。自然环境不再只是人的手段和工具，而是作为人的无机身体成为主体的一部分，成为人的活动的目的性内容本身。应该说，"生态价值"的形成和提出，是人类对自己与自然生态关系认识的一个质的飞跃，是 20 世纪人类极其重要的思想成果之一。

在生态平衡观看来，包括人在内的动物、植物甚至无机物，都是生态系统里平等的一员，它们各自有着平等的生态地位，每一生态成员各自在质上的优劣、在量上的多寡，都对生态平衡起着不可或缺的作用。今天，虽然人类已经具有了无与伦比的力量优势，但是在自然之网中，人与自然的关系不是敌对的征服与被征服的关系，而是互惠互利、共生共荣的友善平等关系。自然界的一切对人类社会生活有益的存在物，如山川草木、飞禽走兽、大地河流、空气、物蓄矿产等，都是维护人类"生命圈"的朋友。我们应当培养中小学生从小具有热爱大自然、以自然为友的生态平衡观，此外也应在最大范围内对全社会进行自然教育，使我国的林业得到更充分的发展与保护。

自然资源观包括永续利用观和资源稀缺观两个方面，充分体现着代内道德和代际道德问题。自然资源的永续利用是当今人类社会很多重大问题的关键所在，对可再生资源，要求人们在开发时，必须使后续时段中资源的数量和质量至少要达到目前的水平，从而理解可再生资源的保护、促进再生、如何充分利用等问题；而对于不可再生资源，永续利用则要求人们在耗尽它们之前，必须能找到替代他们的新资源，否则，我们子孙后代的发展权利将会就此被剥夺。我国在经济持续高速发展的同时，也付出了资源的高昂代价，加剧了自然资源紧张、短缺的矛盾。

（二）生态基础知识的宣传教育作用

改善生态环境，促进人与自然的协调与和谐，努力开创生产发展、生活富裕和生态良好的文明发展道路，既是中国实现可持续发展的重大使命，也是新时期林业建设的重大使命。在可持续发展中要赋予林业以重要地位，在生态建设中要赋予林业以首要地位，在西部大开发中要赋予林业以基础地位。随着国家可持续发展战略和西部大开发战略的实施，我国林业进入了一个可持续发展理论指导的新阶段。凡此种种，无不阐明了现代林业之于和谐社会建设的重要性。有鉴于此，我们必须做好相关生态知识的科普宣传工作，通过各种渠道的宣传教育，增强民族的生态意识，激发人民的生态热情，更好地促进我国生态文明建设。

生态建设、生态安全、生态文明是建设山川秀美的生态文明社会的核心。生态建设是生态安全的基础，生态安全是生态文明的保障，生态文明是生态建设所追求的最终目标。生态建设，即确立以生态建设为主的林业可持续发展道路，在生态优先的前提下，坚持森林可持续经营的理念，充分发挥林业的生态、经济、社会三大效益，正确认识和处理林业与农业、牧业、水利、气象等国民经济相关部门协调发展的关系，正确认识和处理资源保护与发展、培育与利用的关系，实现可再生资源的多目标经营与可持续利用。生态安全是国家安全的重要组成部分，是维系一个国家经济社会可持续发展的基础。生态文明是可持续发展的重要标志。建立生态文明社会，就是要按照以人为本的发展观、不侵害后代人生存发展权的道德观、人与自然和谐相处的价值观，指导林业建设，弘扬森林文化，改善生态环境，实现山川秀美，推进我国物质文明和精神文明建设，使人们在思想观念、科学教育、文学艺术、人文关怀诸方面都产生新的变化，在生产方式、消费方式、生活方式等各方面构建生态文明的社会形态。

人类只有一个地球，地球生态系统的承受能力是有限的。人与自然不仅具有斗争性，而且具有同一性，必须树立人与自然和谐相处的观念。我们应该对全社会大力进行生态教育，即要教导全社会尊重与爱护自然，培养公民自觉、自律意识与平等观念，顺应生态规律，倡导可持续发展的生产方式、健康的生活消费方式，建立科学合理的幸福观。幸福的获得离不开良好的生态环境，只有在良好的生态环境中人们才能生活得幸福，所以要扩大道德的适用范围，把道德诉求扩展至人类与自然生物和自然环境的方方面面，强调生态伦理道德。生态道德教育是提高全民族的生态道德素质、生态道德意识，建设生态文明的精神依托和道德基础。只有大力培养全民族的生态道德意识，使人们对生态环境的保护转为自觉的行动，才能解决生态保护的根本问题，才能为生态文明的发展奠定坚实的基础。在强调可持续发展的今天，对于生态文明教育来说，这个内容是必不可少的。深入推进生态文化体系建设，强化全社会的生态文明观念。一要大力加强宣传教育。深化理论研究，创作一批有影响力的生态文化产品，全面深化对建设生态文明重大意义的认识。要把生态教育作为全民教育、全程教育、终身教育、基础教育的重要内容，尤其要增强领导干部的生态文明观念和未成年人的生态道德教育，使生态文明观念深入人心。二要巩固和拓展生态文化阵地。加强生态文化基础设施建设，充分发挥森林公园、湿地公园、自然保护区、各种纪念林、古树名木在生态文明建设中的传播、教育功能，建设一批生态文明教育示范基地。拓展生态文化传播渠道，推进"国树""国花""国鸟"评选工作，大力宣传和评选代表各地特色的树、花、鸟，继续开展"国家森林城市"创建活动。三要发挥示范和引领作用。充分发挥林业在建设生态文明中的先锋和骨干作用。全体林业建设者都要做生态文明建设的引导者、组织者、实践者和推动者，在全社会大力倡导生态价值观、生态道德观、生态责任观、生态消费观和生态政绩观。要通过生态文化体系建设，真正发挥生态文明建设主要承担者的作用，真正为全社会牢固树立生态文明观念做出贡献。

通过生态基础知识的教育，能有效地提高全民的生态意识，激发民众爱林、护林的认同感和积极性，从而为生态文明的建设奠定良好基础。

（三）生态科普教育基地的示范作用

森林公园、自然保护区、城市动物园、野生动物园、植物园、苗圃和湿地公园等是展示生态建设成就的窗口，也是进行生态科普教育的基地，充分发挥这些园区的教育作用，使其成为开展生态实践的大课堂，对于全民生态环境意识的增强、生态文明观的树立具有突出的作用。森林公园中蕴含着生态保护、生态建设、生态哲学、生态伦理等各种生态文化要素，是生态文化体系建设中的精髓。森林蕴含着深厚的文化内涵，森林以其独特的形体美、色彩美、音韵美、结构美，对人们的审美意识起到了潜移默化的作用，形成自然美的主体旋律。森林文化通过森林美学、森林旅游文化、园林文化、花文化、竹文化等展示了其丰富多彩的人文内涵，在给人们增长知识、陶冶情操、丰富精神生活等方面发挥着难以比拟的作用。

《关于进一步加强森林公园生态文化建设的通知》（以下简称为《通知》），要求各级林业主管部门充分认识森林公园在生态文化建设中的重要作用和巨大潜力，将生态文化建设作为森林公园建设的一项长期的根本性任务抓紧抓实抓好，使森林公园切实担负起建设生态文化的重任，成为发展生态文化的先锋。各地在森林公园规划过程中，要把生态文化建设作为森林公园总体规划的重要内容，根据森林公园的不同特点，明确生态文化建设的主要方向、建设重点和功能布局。同时，森林公园要加强森林（自然）博物馆、标本馆、游客中心、解说步道等生态文化基础设施建设，进一步完善现有生态文化设施的配套设施，不断强化这些设施的科普教育功能，为人们了解森林、认识生态、探索自然提供良好的场所和条件。充分认识、挖掘森林公园内各类自然文化资源的生态、美学、文化、游憩和教育价值。根据资源特点，深入挖掘森林、花、竹、茶、湿地、野生动物、宗教等文化的发展潜力，并将其建设发展为人们乐于接受且富有教育意义的生态文化产品。森林公园可充分利用自身优势，建设一批高标准的生态科普和生态道德教育基地，把森林公园建设成为对未成年人进行生态道德教育的最生动的课堂。

经过不懈努力，以生态科普教育基地（森林公园、自然保护区、城市动物园、野生动物园、植物园、苗圃和湿地公园等）为基础的生态文化建设取得了良好的成效。今后，要进一步完善园区内的科普教育设施，扩大科普教育功能，增加生态建设方面的教育内容，从人们的心理和年龄特点出发，坚持寓教于乐，有针对性地精心组织活动项目，积极开展生动鲜活，知识性、趣味性和参与性强的生态科普教育活动，尤其是要吸引人们参与植树造林、野外考察、观鸟比赛等活动，或在自然保护区、野生动植物园开展以保护野生动植物为主题的生态实践活动。针对中小学生集体参观要减免门票，有条件的生态园区要免费向青少年开放。

通过对全社会开展生态教育，使全体公民对中国的自然环境、气候条件、动植物资源等基本国情有更深入的了解。一方面，可以激发人们对祖国的热爱之情，树立民族自尊心和自豪感，阐述人与自然和谐相处的道理，认识到国家和地区实施可持续发展战略的重大意义，进一步明确保护生态自然、促进人与自然和谐发展中所担负的责任，使人们在走向自然的同时，更加热爱自然、热爱生活，进一步培养其生态保护意识和科技意识；另一方面，通过展示过度开发和人为破坏所造成的生态危机现状，让人们形成资源枯竭的危机意识，看到差距和不利因素，进而会让人们产生保护生物资源的紧迫感和强烈的社会责任感，自觉遵守和维护国家的相关规定，在全社会形成良好的风气，真正把生态保护工作落到实处，还社会一片绿色。

二、现代林业与生态文化

（一）森林在生态文化中的重要作用

在生态文化建设中，除了价值观起先导作用外，还有一些重要的方面。森林就是这样一个非常重要的方面。人们把未来的文化称为"绿色文化"或"绿色文明"，未来发展要走一条"绿色道路"，这就生动地表明，森林在人类未来文化发展中是十分重要的。森林是把太阳能转变为地球有效能量，以及这种能量流动和物质循环的总枢纽。地球上人和其他生命都靠植物，主要是森林积累的太阳能生存。地球陆地表面原来70%被森林覆盖，这是巨大的生产力。它的存在是人和地球生命的幸运。森林是地球生态的调节者，是维护大自然生态平衡的枢纽。地球生态系统的能量流动和物质循环，从森林的光合作用开始，最后复归于森林环境。例如，森林被称为"地球之肺"，吸收大气和土壤中的污染物质，是"天然净化器"；它对保护土壤、防风固沙、保持水土、调节气候等有重大作用。这些价值没有替代物，它作为地球生命保障系统的最重要方面，与人类生存和发展有极为密切的关系。对于人类文化建设，森林的价值是多方面的，重要的，包括经济价值、生态价值、科学价值、娱乐价值、美学价值、生物多样性价值。

无论从生态学（生命保障系统）的角度，还是从经济学（国民经济基础）的角度，森林作为地球上人和其他生物的生命线，是人和其他生命生存不可缺少的，没有任何代替物，具有最高的价值。森林的问题，是关系地球上人和其他生命生存和发展的大问题。在生态文化建设中，我们要热爱森林，重视森林的价值，提高森林在国民经济中的地位，建设森林，保育森林，使中华大地山常绿，水长流，沿着绿色道路走向美好的未来。

（二）现代林业体现生态文化发展内涵

生态文化是探讨和解决人与自然之间复杂关系的文化；是基于生态系统，尊重生态规律的文化；是以实现生态系统的多重价值来满足人的多重需要为目的的文化；是渗透于物质文化、制度文化和精神文化之中，体现人与自然和谐相处的生态价值观的文化。生态文化要以自然价值论为指导，建立起符合生态学原理的价值观念、思维模式、经济法则、生活方式和管理体系，实现人与自然的和谐相处及协同发展。生态文化的核心思想是人与自然和谐相处。现代林业强调人类与森林的和谐发展，强调以森林的多重价值来满足人类的物质、文化需要。林业的发展充分体现了生态文化发展的内涵和价值体系。

1. 现代林业是传播生态文化和培养生态意识的重要阵地

牢固树立生态文明观是建设生态文明的基本要求。大力弘扬生态文化可以引领全社会普及生态科学知识，认识自然规律，树立人与自然和谐的核心价值观，促进社会生产方式、生活方式和消费模式的根本转变；可以强化政府部门科学决策的行为，使政府的决策有利于促进人与自然的和谐；可以推动科学技术不断创新发展，提高资源利用效率，促进生态环境的根本改善。生态文化是弘扬生态文明的先进文化，是建设生态文明的文化基础。林业为社会所创造的丰富的生态产品、物质产品和文化产品，为全民所共享。大力传播人与自然和谐相处的价值观，为全社会牢固树立生态文明观、推动生态文明建设发挥了重要作用。

通过自然科学与社会人文科学、自然景观与历史人文景观的有机结合，形成了林业所特有的生态文化体系，它以自然博物馆、森林博览园、野生动物园、森林与湿地国家公园、动植物以及昆虫标本馆等为载体，以强烈的亲和力，丰富的知识性、趣味性和广泛的参与性为特色，寓教于乐，陶冶情操，形成了自然与人文相互交融、历史与现实相得益彰的文化形式。

2. 现代林业发展繁荣生态文化

林业是生态文化的主要源泉，是繁荣生态文化、弘扬生态文明的重要阵地。建设生态文明要求在全社会牢固树立生态文明观。森林是人类文明的摇篮，孕育了灿烂悠久、丰富多样的生态文化，如森林文化、花文化、竹文化、茶文化、湿地文化、野生动物文化和生态旅游文化等。这些文化集中反映了人类热爱自然、与自然和谐相处的共同价值观，是弘扬生态文明的先进文化，是建设生态文明的文化基础。林业具有突出的文化功能，在推动全社会牢固树立生态文明观方面发挥着关键作用。

第三章　实现现代林业发展战略的保障体系

第一节　建立长期稳定的资源配置体系

保障和促进林业的发展，最关键的是要建立林业在市场经济体制下取得各种资源的配置系统，以促使各种要素向林业流动。要从国家对林业的资金、物资等投入和经济调控政策的分析入手，从国民经济宏观调控的角度研究政府加大林业投入和资源配置的新思路，建立长期稳定的国家支持林业和生态建设的资源配置体系。

一、政府财政体制改革与林业投入的新思路

我国将全面启动林业和生态环境跨越式发展战略，我们的思路是要认真研究我们国家公共财政的支付能力，现时的积极财政政策还能实施多久，稳健的货币政策有多少空间可以支持林业和生态环境建设，如何引导国外和民间资金进入林业和生态环境建设领域，研究和建立有中国特色的投入林业和生态环境的支持和保护体系，最持久的办法是通过国民经济的全面发展，建立一个新的体制和机制。我们认为，为了全面启动林业的跨越式发展，必须综合运用各种手段。比如，实施积极的财政政策时要注意讲求多种财政政策、货币政策和税收政策的组合效应，以政府扩大投入带动民间投资，以利于促进民间资本流动、重组扩张的财税政策，引导和启动民间投资，以利于活跃市场投资、消费的财税政策刺激民间投资，扩大民间消费支出，尽快促使企业投资和企业生产经营活跃起来，激发经济增长与经济发展的活力。有时候，公共财政支付有困难，可以设计合理的债务结构支持；当公共财政和债务支持困难时，也可以设计合理的货币政策，以长期贷款支持长期林业和生态环境的长效应；也可以设计优惠的税收政策给以扶持等。这一切都必须从体制和机制以及根源上进行解决。

（一）研究林业发展必须关注市场机制的功能性缺陷

市场机制本身存在着对某些社会和经济现象力所不及或无能为力的问题，存在着"市

场失灵"。例如，市场机制的原始驱动力是利益原则，因而对于一些"公共产品"的生产和一些只有社会效益而缺少经济效益的非营利性的经济活动便失去了动力。市场机制有时不能对林业和生态环境进行支持与保护，也会给风险性投资带来一定的不利，更重要的是，单纯依靠市场机制无法充分保障城乡收入和分配对林业和生态环境的公正性，从而会造成社会资金的外逃。

市场机制有时会出现"功能性紊乱"，以致"市场失衡"，并进一步引发市场供求关系的无序，产生通货膨胀、失业和经济衰退等现象。对市场机制下的"市场失灵"和"市场失衡"不能听之任之，必须由政府运用宏观调控职能，通过经济、法律手段的综合治理，按市场经济法则，对市场实行间接的、强有力的宏观调控，以解决并消除"市场失灵"和"市场失衡"给国家、社会和人民带来的危害。事实上，政府和经济活动总是联系在一起的，世界各国市场经济的发展和现状表明，市场经济不但需要政府的宏观调控，而且这种宏观调控本身已成了市场经济一个内在的运作机制，成了市场经济体制内部的一个十分重要的组成部分。因此，消除市场机制的失灵、功能性紊乱等缺陷，充分发挥公共财政的职能，及时调整财政收支结构，支持林业和生态环境的发展是一项紧迫的任务。

（二）国家要从宏观调控上支持和保护林业生态环境发展

现代市场经济在本质上就是一种由政府宏观调控的经济运行体制。林业作为基础产业，首先需要对其加以保护。公共财政要充分重视林业与生态环境公共物品性质的特点。社会主义市场经济的基本内涵就是以市场机制作为整个社会资源配置的基础，其优越性充分达到了社会资源宏观配置和利用的最优化。由于林业生产受自然风险和市场风险约束，基本属公共物品性质，因此，公共财政要给予林业与生态环境应有的支持。公共财政是弥补市场失效的财政。简单地讲，市场资源有效运行或正常发挥作用的场合和领域，就是"市场能干"的，也就是政府及公共财政不应插手的场合和领域；而市场不能有效配置资源或正常发挥作用的场合和领域，就是"市场不能干"的，是政府或公共财政能够插手的场合和领域，这类场合和领域，称之为"市场失效"。公共产品的存在是市场失效的首要原因。从财政角度看，公共产品就是政府提供的公共服务，决定一种产品和服务是不是公共产品的根本特征，在于其是否具有共同消费性，即消费时的非排他性，消费时的非对抗性，消费时的非拒绝性。外溢性的存在则是市场失效的又一个原因。此外，规模报酬递增所导致的自然垄断也是市场失效的重要表现。所以，针对市场经济条件下林业与生态环境所处的不利地位，政府必须给予重视。

当务之急，是要研究解决财政支持林业与生态环境和调整支出结构的方案。

（三）林业和生态建设要充分利用国家财政收入发生结构性变化的新形势

近年来，我国政府的税收收入呈快速增长的趋势。经济的发展、税收的增加使国家财政收支职能发生了可喜的变化。一是财政收入结构已发生了显著变化，从税收和上缴利润大体各占一半转变为了以税收为唯一的基本财政收入形式。二是税收从原有的促进国营经济发展、压抑其他经济成分并迫使他们向国有经济过渡逐步转向了对所有经济成分一视同仁的制度模式上来。三是减少乃至取消了不规范的收费项目，代之以规范的税收方式——费改税正在推进。四是财政支出呈现出了一种全面"退出生产领域"的趋势。五是在财政支出中，投资支出比重大大缩小了，同时不是主要投向传统的工农业等"生产领域"，而是投向了能源和交通等"重点建设"领域，以加大对各类基础设施和公用设施的投资。六是我国的社会保障从原有的"单位保障"正逐步向"社会保障"转化。社会保障制度是普遍存在于现代市场经济体制国家的一种社会福利制度，对于现代市场经济体制来说是必不可少的。

上述财政发生的一系列变化，归结为一个基本的特征就是公共化，这为林业和生态环境提供了有利的发展空间。

（四）继续执行积极的财政政策对林业和生态建设投入的可行性分析

积极的财政政策为林业和生态环境的治理及国家其他建设项目创造了新的发展机遇。积极的财政政策作为拉动经济增长、安排就业最直接和有效的手段，正在发挥着越来越重要的作用。一些水利、交通、能源、环保工程已经建成，还有一部分的工作量正在加紧完成。这些项目的建设，不仅有力地促进了经济增长，还为长远发展打下了更好的基础，更重要的是为农村劳动力转移创造了新的大容量的载体。继续实行积极的财政政策和启动新的调控手段，将会给林业和生态环境的发展提供更大的空间。

（五）用积极的财政政策和启动资金支持林业工程建设

继续实行积极的财政政策，全面启动货币政策支持生态建设。我们要借鉴世界银行建立长期贷款机制支持各国基础设施建设的经验和用货币政策来刺激内需，避免危机，走向快速发展的成功经验。同时，要探索积极的长期货币政策，启动中长期贷款机制，特别是增加20年或30年长期贷款，以加大治理生态环境的力度。另外，财政要和银行挂钩，用少量贴息吸引更多贷款，以调动社会各方面力量，使其共同投入这项巨大的历史性建设任务中来。生态公益性建设项目以国家预算内基本建设资金和财政专项资金投入为主，商品林建设以政策性贷款为主，包括国家开发银行贷款和林业、森工、治沙以及山区综合开发贴息贷款，国家适当注入资本金，基础设施及其他建设投入将在原有投资基数的基础上予以适当增加。

二、有中国特色的支持与保护林业的政策措施

（一）以国家公共财政为主的投入机制

1. 各级政府要增加投入

必须坚持国家、地方、集体、个人一齐上，多渠道、多层次、多方位地筹集建设资金的方针。按照事权、财力划分，把林业的投入纳入各级财政预算。国家预算内基本建设资金、财政资金、农业综合开发资金、扶贫资金、以工代赈以及国外资金等的使用，要把加强江河湖建设、绿色植被建设、治理水土流失、防治荒漠化、草原建设和生态农业建设作为重要内容，优先安排，并逐步增加各项资金投入比重。一是国家投资用于林业的比例应该大幅增加；二是使林业财政支出占到财政生态支出的 2/3 左右；三是要将森林资源管护、野生动植物资源保护、森林病虫害及火灾的防治、中龄林抚育等方面的经费列为财政经常性预算项目，加大力度增加各种专项贴息贷款规模，延长使用年限。

政府公共财政要确保林业事业经费全额拨款。要以建立社会主义市场经济体制为前提，通过改革我国的投资体制，严格按照事权利分原则，明晰中央和地方政府的林业投资义务，真正使政府扶持资金足额到位，逐步建立起公益林以政府投入为主，商品林以社会投入为主的投资机制，保证林业建设的投资需要。

正在进行的公共财政改革的近期重点是改变预算编制长期沿用的"基数法"，实行"零基预算"，改革政府收支分类科目体系，按部门预算原则设置预算科目；建立国库集中收付制度，将预算内收入和预算外收入统一纳入国库，集中在国库指定的代理行开设账户，所有财政支出均通过单一账户集中支付，但资金的使用权仍归部门所有，进而使政府的收支，包括基金收支平衡统一纳入预算管理，完整而准确地反映出政府财政职能和活动范围。财权应该和事权一致，财权主要体现在部门预决算项目上，抓住这次财政体制改革的机遇，使以下四个方面的资金列入中央和地方各级财政项目和科目：一是林业生态建设，包括天然林资源保护工程，退耕还林工程，三北及长江流域等重点防护林体系建设工程，京津风沙源治理工程，全国野生动植物保护及自然保护区建设工程等林业生态工程建设费用和生态公益林的营造、抚育、保护管理费用；二是各级林业行政事业单位的人员和业务经费，包括林业行政事业单位、生态型国有林场、森林防火、病虫害防治、林业工作站、木材检查站、林区教育、林业基础研究、林区卫生、社会保障、林业公检法、林政、外事等专项支出，特别是现在还未进入的公安、林政、木材检查站、林业工作站人员和业务经费，一定要在精简的前提下，进入公共财政预算科目和项目；三是行政事业单位基建

资金，包括林业行政事业单位公用经费中的大型修缮、购置、基本建设工程等支出；四是其他专项资金，包括支援西部地区及其他不发达地区发展、林业专项贷款贴息、政策性补贴等专项资金。

2. 加大以工代赈、以粮换林、以粮换牧（草）的力度

国家要实事求是、因地制宜地按照退耕还林等重点生态工程的实际需要设置优惠政策的支持年限。鉴于目前全国工业品、粮食库存积压较多和富余劳动力多的特点，再加上生态恶化地区多是贫困地区，今后，要特别加大集团化、集约化、规模化、科学化、产业化治理的力度，可以组建生态建设兵团（也可以利用军队减员，还可以将现有国有农场转为生产建设兵团等多种形式），建立国家投入与以工代赈、以粮换林、以粮换牧（草）投入相结合的形式。有关部门要制定切实可行的计划和规划。要坚持"谁造谁有，合造共有"的政策，充分调动广大群众植树造林的积极性。要改变以往无偿使用农民劳动积累工、义务工过多的做法，实行有偿使用和机械化规模治理并重的做法，以解决过度剥夺农民投劳的偏差，也可以加大群众参与治理生态环境建设的力度。

3. 建立和完善森林生态效益补偿制度

加大国家森林生态效益补偿资金投入力度，这是推进林业大发展的重要前提。

要按照分类经营的要求，根据森林多种功能和主导利用的不同，将森林划分为公益林和商品林两大类，对公益林实行生态补偿，并在此基础上分别对公益林和商品林的建设和管理，建立不同的体制和政策。公益林补偿要足额到位，把公益林落实到地块和每个经营主体。作为公共产品供给者的政府，应从中央和各级地方财政中拿出专项基金，设立森林生态补偿基金，并分别纳入中央和地方财政预算，逐步增加资金规模，根据物价水平及公益林经营管理成本的变动情况，每年进行适当调整。要适应国际"碳交换"机制建立的趋势，提前研究制定"以林补碳"的操作性手段，将其统一纳入生态补偿范畴。

4. 设立国家林业生态保护工程建设基金

根据林业和生态环境周期长，需资巨大，具有后发效应的特性，按照今后国家财政和社会财力进行预测，公共财政经常性账户大约可负担1/3，扩张性财政即合理的债务结构可负担1/3，信贷资金可负担1/3。按照阶段划分，前10年的资金已经有了初步的规划，后20年的资金就很难有一个稳定的保障。建议在国家公共财政经常性账户纳入预算和已有稳定来源的资金支持之外，制定新的特殊政策，允许从全社会范围合理并适度地筹措资金，设立"国家林业和生态保护工程建设基金"，将其纳入国家预算，并给以立法保障，以便稳定有序地用于林业和生态保护建设。

基金主要来源：①扩张性财政，即合理的债务结构；②与债务结构相配套的合理的信

贷结构；③民资；④社会捐助和赠送；⑤国外资金；⑥生态补偿基金。

以"国家林业生态保护工程建设基金"的使用范围为重点工程和重点地区。

（二）对林业实行轻税薄赋政策

国家应实行税收鼓励政策，按照统一税法、公平税赋的原则，确立合理的税目、税基和税率。进一步整顿税制，把减轻林农和林业企业负担作为政府税费改革的主要内容。今后可考虑在以下方面研究减轻税费问题：一是研究取消林产品的农业特产税；二是考虑对国内外企业以税前利润投资造林，国家免征所得税；三是对国有林业企业、事业单位从事种植业、养殖业和农林产品初加工利润，以及边境林业局、林场、苗圃可以免征所得税，对以林区"三剩物"和次小薪材为原料生产的加工产品，可继续实行增值税即征即退政策；四是按初加工农产品对待林业初加工产品，实行同步抵扣；五是对转产、调整结构、利用多种资源及以安置下岗人员为主要目的生产的产品，实行增值税即征即退或暂缓征收政策；六是对林业生产、生活用水可考虑免征水资源费；七是对进口种子、种畜、鱼种和非营利性野生动植物可考虑免征进口环节增值税；八是由农民投资营造的公益林，国家除给予必要的管护补贴外，通过卫生伐和更新伐所取得的收入也应归投资者所有，并考虑免征一切税收；九是改革育林基金征收使用办法，可考虑由生产者自提自用，但国家对现在育林基金负担的公共支出要予以保证；十是加大对经济不发达地区，中央财政转移支付的力度。

三、加强对林业资金使用的监管

一要严格资金规范管理，建立责任追究制度，强化和规范对资金违规违纪问题的整改和查处。加强资金稽查，成立专门的资金监督检查机构，建立林业资金巡回稽查和专项稽查制度，整章建制，加强林业资金源头管理，促进稽查工作日常化、规范化。

二要建立健全林业资金财务管理制度和会计核算制度，抓紧制定相应的财务管理制度和会计核算办法，并补充完善相关的内容和标准。

三要加强对资金的全过程管理，通过严格计划管理、预算管理、事中审核、事后检查等措施，确保资金使用合规合法和真实、完整。要尽快制定林业资金的报账制管理办法，特别是林业重点工程资金的报账制管理。

四要加强社会舆论监督，建立林业资金使用违规违纪举报制度，对重大案件予以曝光。

第二节　建立规范有序的经营体系和运行机制

建立规范有序的经营体系和运行机制，是加快林业发展的基础和前提，要根据市场经济体制的要求和经济发展的新形势，及时调整林业的管理政策，认真研究管用的方法，建立稳定的经营体系和良性运行机制，增强林业的动力、活力和吸引力；要在林业产权制度改革上大胆突破，在调整所有制结构上采取对策，在分类经营上深化措施，在激活各种利益主体上找潜力，推进林业新体系和机制的建立。

一、深化林业用地使用制度改革

（一）明确森林资源产权

以林地使用权、物权化为方向，稳定所有权，完善承包权，放活经营权，保护经营者的合法权益，使其享有相应的林产品处置权和受益权。对权属明确并已核发林权证书的，要坚决维护林权证书的法律效力；对权属明确尚未核发林权证书的，要尽快核发；对权属不清或有争议的，要抓紧明晰或调处，并核发林权证书。

已经划定的自留山，由农民长期无偿使用，不得强行收回。对目前仍未造林绿化的，要根据当地实际情况，采取严格措施，限期造林绿化。自留山上的林木，无论是现有林还是新造林，一律归农民个人所有。

分包到户的责任山，要保持稳定。前一轮承包到期后，原承包办法基本合理的，可以直接续包；原承包办法明显不合理的，可在完善承包办法的基础上，继续承包。新一轮的承包，都要签订承包合同，明确法律关系，承包期可达 70 年。对已经续签承包合同，但承包期不到 70 年的，经履行有关的手续，也可延长到 70 年。对群众不愿意承包的，由集体经济组织收回另行处置。对未履行承包责任，长期撂荒或者林木破坏严重的，经本集体经济组织研究并报县级林业主管部门认定，可以由集体经济组织收回另行处置。

对仍由集体统一经营管理的山林，要区别对待，分类指导，积极探索有效的经营形式。凡群众比较满意、经营状况良好的股份合作林场、联办林场等，要继续保持稳定、完善、提高。对其他集中连片的有林地，可以采取"分股不分山，分利不分林"的形式，将产权逐步明晰到个人。对零星分散的有林地，可将林木所有权和林地使用权合理作价后，转让给个人经营。对宜林荒山荒地，既可直接以分包到户、招标、拍卖等形式确定经营主体，又可由集体统一组织开发后，再以适当方式确定经营主体；对造林难度大的，还可以通过公开招标的方式，在一定期限内将林地使用权无偿转让给有能力的单位或个人去开发经营，但要限期绿化。不管采取哪种形式，本集体经济组织成员都有优先经营权。

（二）积极发展非公有制林业

国家鼓励各种非公有制林业建设主体跨所有制、跨行业、跨地区投资发展林业。凡有能力的农户、城镇居民、科技人员、私营业主、外国投资者、企事业单位和机关团体的干部职工等，均可单独或合伙参与林业开发，从事林业建设，所造林木归投资者所有，并有依法获得森林生态效益补偿的权利。

整个林业建设完全对非公有制林业开放，让其与公有制林业共同发展。国有林也可引入民营机制，搞公有民营或局部性的公有民营，降低经营成本，提高经营效率。

建立健全有关法规，进一步明确非公有制林业的法律地位。采取坚决措施，保护非公有制林业经营者尤其是造林大户的合法权益。统一税费政策、资源利用政策、投融资政策，为各种林业经营主体创造平等竞争的环境和条件。充分尊重非公有制林业经营者的自主权，放手让其发展。林地使用权允许流转和继承。要加强外商投资促进工作，给外商投资林业以国民待遇，以充分发挥农民和社区组织发展林业的积极性，加快造林绿化步伐。

（三）加速推进森林、林木和林地使用权的流转

在明晰产权、确保林农基本林地稳定的前提下，国家鼓励各种社会主体依法以承包、租赁、转让、拍卖、协商等形式推动国家和集体所有的宜林荒山荒地荒沙使用权的流转，加快国土绿化进程。按照依法、自愿、有偿的原则促进森林、林木和林地使用权的流转，盘活森林资源资产，激活各种利益主体，促进外部生产要素向林业的流动。对尚未确定经营者的大片国有宜林荒山荒地荒沙，也可依法无偿转让给附近的部队和生产建设兵团去植树造林，所造林木归部队和兵团所有。森林、林木和林地使用权可以依法继承、抵押、担保、入股和作为合资、合作的出资或条件。国有林地使用权的流转期限也可达到70年。

二、深化重点国有林区管理体制改革

抓住国家实施天然林保护工程的历史性机遇，深化重点国有林区的管理体制改革。改革的方向是：实行森林资源国家所有、中央和省（自治区）两级管理，政企分开、政资分开，建立国家林业行政主管部门、国有森林资源经营机构、林业企业"三权分离"的机制。国家林业行政主管部门行使对森林资源的执法监管权；国有森林资源经营机构负责森林资源的资产运营；林业企业则成为完全的市场主体，与国有森林资源经营机构建立市场化的契约关系。

具体实施措施包括四点。一是强化国有森林资源的管理，把由森工企业（集团）行使的森林资源管理权独立出来，设立专门的国有林管理局，负责国有林的经营管理，最终建立起国家所有、分级管理、委托经营、严格监管的新体制。二是实行政企分开，把目前由企业承担的社会管理职能逐步分离出来，转由政府承担，使企业真正成为独立、平等的经营主体，参与市场竞争。同时，企业应当按照社会主义市场经济体制的要求，深化内部改革，加快产业重组，建立现代企业制度，完善法人治理结构，增强竞争能力和生存能力。三是建立起森林资源保护、培育和利用之间的利益制约关系。实行森林资源资产化管理，分别将公益林和商品林纳入经营性资产和非经营性资产的管理轨道。对经营性国有资产，实行资产保值增值责任制，以不同方式进入企业，由国有林管理局向企业派出董事，代表国家行使与其股份相适应的企业决策权、资产受益权和推选管理者的权利。放活林地的使用权，在已有森林资源管护经营责任制的基础上，实行谁造谁有和收益分成的营林激励机制。对非经营性资产，主要是分布在禁伐区和限伐区的森林资源资产，国有林管理局可以下设事业性机构对其进行经营管理。国有林管理局通过编制国有林经营方案、提供经费、人事任免、检查监督等多种手段对这些机构进行调节和控制。也可以通过合同委托经营和管护承包，将森林资源的管护责任落到实处，并根据管护责任的实际履行情况，兑现奖惩。四是合理分流林区富余人员，通过一次性安置、转产就业等形式，调整人力资源使用结构，为深化国有林区改革奠定基础。

三、深化林业分类经营改革

（一）实行林业分类经营是林业改革的中心环节

1. 林业分类经营是社会主义市场经济体制的必然要求

随着我国计划经济体制日益转向社会主义市场经济体制，原来依靠计划配置资源的方式已转向了依靠市场配置资源的方式。森林的有形产品可以在有形市场上交换，为生产经营者带来经济收益。但无形产品，即为人们提供国防、科研、保护生物多样性等社会服务，以及美化环境、防风固沙、涵养水源等生态服务，目前不能通过有形市场交换。为了适应市场经济体制改革，需要通过分类经营建立一套森林有价、价值有偿、良性循环的运行机制，森林不分类，这套机制就建立不起来。

2. 林业分类经营是适应政府公共财政体制改革的客观需要

国家正在进行公共财政体制改革，财政支出将逐步从那些经营性、营利性领域退出，而主要保证政府机构、社会公益事业开支，建立社会保障体制。通过分类经营把产业部分和社会公益事业部分分开，使经营公益事业的主体得到政府的补偿。森林资源从实物形态上讲，是一种包括林地、林木和依托森林生存的野生动植物资源在内的资源；从价值形态上讲，是一种特殊的，可以再生增值的，具有多种功能和生态群落整体价值的资源性资产。森林生态效益是以活立木为主体的乔灌草植物群落整体形式进行发挥的，一旦森林消失，生态效益就不复存在了。因此，建立森林生态补偿制度既是林业分类经营的核心，又是实施无偿使用森林生态效益转向有偿使用森林生态效益的关键。必须把分类经营与实施森林生态补偿这两项工作整合在一起，并配套进行。补偿实际上就是一种特殊的买卖关系，政府花钱"买"生态服务，林业的所有者、经营者"出卖"生态服务。

3. 分类经营是林业政策的基础

生态环境、自然资源和经济社会发展的矛盾日益突出，是我国社会的重要矛盾之一，也是林业所面临的主要矛盾。分类经营就是在社会主义市场经济体制下，按照现代社会对林业生态和经济两个方面的要求，发挥森林的多种功能，将森林的五大林种相应地划分为以发挥生态效益和社会效益为主的公益林（含防护林、特种用途林）和以发挥经济效益为主的商品林（含用材林、经济林、薪炭林），分别按照各自的特点和规律运营的一种新型的林业经济机制和发展模式。林业分类经营有利于统筹兼顾经济发展与生态保护、长远发展和当前需要、局部利益和整体利益之间的关系，有利于保持人类与森林生态系统处于长期稳定、和谐发展的状态，使社会对森林资源的需求与森林资源的承受力达到互为接受的水平的经营模式，是走向森林资源可持续利用的必然要求。这是一种科学的管理体制、经营模式和政策机制，也是解决林业主要矛盾的政策基础。

4. 分类经营是实行科学经营、提高森林质量的重要措施

实行分类经营，对两类林业建立相应的制度和规范，按照不同的经营目标、方向、措施方案运行，有利于对两类林业都实行集约经营管理，使公益林业最大限度地发挥其生态效益，商品林业最大限度地发挥其经济效益，可以达到科学经营森林、提高森林效益和质量的目的。

（二）明确林业分类经营工作的主要任务和基本原则

1. 林业分类经营工作的主要任务

按照森林用途和生产经营的目的，把现有森林和全部林业用地划分为公益林和商品林。按照公益林业和商品林业的不同特点和经营规律，建立与其相适应的管理体制、资源培育方式、组织经营形式、投资体制和经营机制，制定和完善与之相适应的管理制度和经济政策。

2. 林业分类经营遵循的基本原则

（1）积极推进，循序渐进

整个林业分类经营工作通过试点逐步推进。中央和地方根据生态环境建设的需要和社会经济发展水平，自上而下，上下结合，由易到难，先重点后一般，因地制宜，划定公益林和商品林。

（2）事权划分，分级管理

明确中央与地方、政府与企业之间的权责关系。公益林作为社会公益事业，其建设管理是政府职能的要求，由各级政府进行组织建设和管理；商品林经营在国家产业政策给予的特殊支持和保护下推向市场。

（3）林业行政主管部门依法实行统一管理

依据《中华人民共和国森林法》《中华人民共和国森林法实施条例》的规定，林业行政主管部门是森林资源的行政主管部门，分类经营后，各级林业行政主管部门对公益林、商品林的行政管理职能不变。

（4）与本地区经济和社会发展相结合

分类经营要从实际出发，根据本地的社会经济发展状况和生态环境建设的需要，将林业分类经营改革纳入经济和社会发展总体规划，以确保总体目标的实现。

（5）稳定林权

林地林木作为一个整体在管理上不可分割，林权证书是确认森林、林木以及林地权属的唯一合法的法律凭证。已核发的林权证不能因实施分类经营而改变。

（三）分类经营需要重点抓好的工作

1. 抓紧搞好森林分类区划界定

森林的分类、区划、界定工作是林业分类经营的首要基础工作，是林业分类经营改革的切入点和突破口。当务之急是要对所有林业用地进行分类。分类区划界定必须做到"五个到位"：一是现场区划到位，不能走过场；二是两林区划界定要落实到山头地块，界线分明，立碑公示；三是登记工作要到位，数据要准确，图表要齐备、统一；四是档案建立要到位，县、乡、村及国有森林经营单位均必须建立档案并要规范；五是与林权单位签订的协议或合同要到位，不重不漏。要从实际出发，根据当地的资源条件、生态环境条件和社会、经济发展的需求确定森林（含林地）多种功能的主导利用方向，并以此作为森林分类的依据。完整的森林分类区划界定工作要包括以下六个步骤。一是结合森林资源清查搞好森林分类区划界定的规划，特别是要根据森林的生态区位，确定哪些地方的森林应该划为防护林和特种用途林，为森林分类区划界定提供一个指导方案。二是建立领导办事机构和工作队伍。县、乡（镇）两级政府要成立由主管领导牵头，各相关部门参加的林业分类经营领导小组和办公室，组建承担森林分类区划界定具体操作工作的工作队。三是搞好试点培训。要组织参加此项工作的人员集中学习，掌握林业分类经营和森林分类区划界定的各项方针、政策、任务、目标、原则和工作步骤。四是加强宣传，统一思想认识和工作方法，层层落实工作任务和责任。五是搞好现场界定的外业工作。要深入山头地块，逐块界定落实林种。逐村、逐组、逐山头、逐地块、逐个林班、小班落实界定，明确四至界线和权属，核准土地种类和林种类型，并进行认真地填表登记，填写现场界定书，由乡、村、社干部群众签字认可。六是完善法律手续。在现场界定基础，填写界定书，由县、乡和参加界定的负责人与生态公益林的所有者和经营者代表签字，林权单位和县乡政府盖章，完善法律手续。同时要搞好公益林、商品林综合统计表和林种分布图，将完整的森林分类区划界定成果资料，上报县级人民政府、由县级人民政府组织审定验收后，正式行文上报省级林业主管部门，经省（区、市）人民政府批准上报（国家公益林）或者批准公布（地方公益林）。

2. 落实经营形式

对公益林，一般应采取"林权分散，经营管理集中"的形式。其中国有林原则上应该是国有国营，但也可以搞国有民营。对于公益林中的集体林，实行集体所有、集中经营和管护。个体林，从长远来看，不划为公益林的，最好不划；必须要划的，最好采取收买、调换等方式，变为集体所有或者国家所有，也可采取委托经营、联合经营的形式，由林权权利人委托国有林场、乡村林场、林业工作站等单位经营管理。

对于商品林，可以采取林主认为合适的经营形式，尽可能地放开放活。以经营成本最低、经济效益最高为目标，适宜什么形式就采取什么形式。

3. 划分林业事权

事权是在不改变森林权属关系的情况下，按受益的范围和性质，确定受益者的责任，主要是投入责任。公益林一般应划分为国家和省两级。《中华人民共和国森林法实施条例》第八条规定，"国家重点防护林和特种用途林，由国务院林业主管部门提出意见，报国务院批准公布；地方重点防护林和特种用途林，由省、自治区、直辖市人民政府林业主管部门提出意见，报本级人民政府批准公布；其他的防护林、用材林、特种用途林以及经济林、薪炭林，由县级人民政府林业主管部门根据国家关于林种划分的规定和本级人民政府的部署组织划定，报本级人民政府批准公布"。这是法定程序。根据这一规定，我国的公益林分为国家公益林和地方公益林。国家公益林由中央财政补偿，地方公益林由各级地方财政补偿。国家公益林依照国家规定的标准，在各省已划定的公益林中进行确定。申报国家公益林，申报领取国家森林生态补偿基金，必须依法严格检查验收，并依法履行批准公布手续。

根据生态区位、受益范围确定国家公益林。凡跨省级地域发挥森林生态效益的大江大河上、中游和大型湖库周边的水源涵养林、水土保持林，大规模的防风固沙林，国家重点生态工程所形成的公益林，边境重地的国防林，沿海防护林基干林带，森林生态系统的典型代表和生物多样性保护特别重要地区的森林、林木和林地等，一般应划为国家公益林。国家公益林可以在以下范围内划定：①江河源头；②江河干流；③重要湖泊和大型水库周围；④沿海岸线第一层山脊以内或平地1000米以内的森林、林木和林地；⑤干旱荒漠化严重地区的天然林和沙生灌丛植被、沙漠地区的绿洲人工生态防护林及周围大型防风固沙林基干林带；⑥雪线及冰川外围地段的森林、林木和林地；⑦山体坡度在36度以上土层瘠薄，岩石裸露，森林采伐后难以更新或森林生态环境难以恢复的森林、林木和林地；⑧国铁、国道（含高速公路）、国防公路两旁的森林、林木和林地；⑨沿国境线范围内及国防军事禁区以内的森林、林木和林地；⑩国务院批准的自然与人文遗产地和具有特殊保护意义地区的森林、林木和林地；⑪国家级自然保护区及其他有重点保护一级、二级野生动植物及其栖息地的森林和野生动物类型自然保护区的森林、林木和林地；⑫天然林保护工程区内的禁伐公益林。

国家公益林必须由省级人民政府统一申报，同样，省级公益林应由地方市一级政府申报。

4. 落实国家对两类林业不同的政策和管理制度

我国现行法律对两类林的投入政策、林权权利人的权利、采伐利用政策、流转政策都做了不同规定。分类经营后现行不分林种、一律对待的政策和管理制度都应作相应的调整，才能全面、准确、严肃地执行国家法律和政策。

第三节　强化科技支撑和人力资源保障体系

现代林业大发展，出奇制胜在科技。必须全面实施科教兴林战略，大力推进林业新科技革命，为林业跨越式发展提供强大的科技支撑和不竭动力。必须全面贯彻人才资源是第一资源的战略思想，加速人力资源开发，为林业发展不断注入新的活力，提供强有力的人才保障。

一、发挥林业建设中的科技支撑作用

新中国成立以来，特别是改革开放以来，我国林业科技工作取得了长足发展，已经初步形成了包括科学研究、科技推广、标准质量、科技管理等在内的比较完整的林业科技创新体系，为促进我国林业发展和生态环境建设做出了重大贡献。

21世纪上半叶，我国林业处于一个十分重要的发展时期。根据"三生态"战略思想，我国将通过以重大生态工程建设为载体，促使我国林业实现由以木材生产为主向以生态建设为主的历史性转变，实现山川秀美的宏伟目标。为此，必须全面贯彻落实"科学技术是第一生产力"思想，大力推进林业新科技革命，深化科技体制改革，建立适应社会主义市场经济体制和林业科技自身发展规律的林业科技创新体系，为实现林业跨越式发展提供强有力的科技支撑。

（一）大力推广科学技术，全面提高林业生态建设的科技含量

紧紧围绕林业发展和生态建设对林业科技的迫切需求，选择先进成熟的科技成果和实用技术进行优势集成和组装配套，并通过建立科技示范基地、开展技术培训等多种形式，加速林业新技术、新品种的推广应用，充分发挥科技在林业生产和建设中的示范、辐射和带动作用，这是新世纪我国林业跨越式发展赋予林业科技推广工作光荣而又十分艰巨的历史重任。第一，要建立健全适应社会主义市场经济体制的新的推广机制，鼓励、引导广大林业科技人员从事技术推广、技术开发、技术服务和技术咨询，吸引政府和企业、社团、民间机构等社会力量参与科技推广工作。第二，紧紧围绕林业生产特别是生态建设中林木良种选育、营造林、天然林保育、荒漠化治理、重大病虫害防治、生物多样性、木质及非木质资源综合利用等重大技术问题，遴选水平高、适用性强的科技成果和实用技术进行推广应用，全面提高生态工程建设的科技含量。第三，根据林业科技的总体布局，在条件成熟的地区，建立一批林业科技推广试验示范点，通过科技成果和实用技术的组装配套，充分发挥其示范样板和辐射带动作用。第四，加强推广体系建设，形成比较完善的省、地、县、乡四级推广网络。第五，加强林业技术培训工作。通过新闻媒介、培训、科普、科技下乡等多种形式和渠道，不断提高广大林农的科技文化素质，增强学科学、用科学的积极性和主动性。

（二）加大研究与开发力度，提高林业科技的创新能力

根据林业可持续发展总体战略目标，结合我国林业发展实际，跟踪世界林业科技发展最新动向，研究、预测和提出我国林业各个发展阶段对林业科学技术的需求及其关键技术

问题和重大理论问题，以及我国林业科技自身发展需要研究解决的关键理论问题，找准各阶段林业科学技术研究与开发的主攻方向，明确和强化各阶段科研工作的重点，采取积极有效的措施，改革科研管理体制和机制，加大科研投入，以分类经营思想为指导，组织和实施好各项研究与开发计划。重点加强与树木育种有关的分子基础研究和以生物技术、信息技术为主的高新技术研究，为林业科学技术的研究与发展奠定坚实的理论基础，大幅度提高林业科技的基础理论水平和原始创新能力，大幅度提高林业可持续经营管理的技术水平，强化针对林业重点生态工程天然林保护、退耕还林、防沙治沙、防护林建设、自然保护区建设等亟须解决的关键应用技术开展科技攻关，研究突破林业重点工程建设中存在的关键技术瓶颈，为林业发展以及提高森林生态效益和经济效益提供切实可行的、强有力的科技支撑。

（三）强化林业标准和质量监督工作，确保林业建设的质量和效益

面对社会主义市场经济体制的要求和国际上的激烈竞争，必须加快实施林业标准战略。一是要加大林业标准的修订工作力度。紧紧围绕林业生态建设和产业发展在各个阶段的工作重点和实际需求，研究制定既符合世贸规则，又能保护本国利益，并有利于促进林业各项事业发展的林业标准和技术规程，建立健全以国家标准和行业标准为主体，以地方标准和企业标准为辅的林业标准体系。二是要强化标准的实施和质量监督工作。加大林业标准的执行和实施力度，不断提高林业生产建设工作的采标率，使林业各项工作真正做到按标准设计，按标准施工，按标准验收；重点加强国家级质量监督检验中心建设，确保木质及非木质森林产品的质量，提高市场占有率和国际竞争力。三是要抓好林业标准化示范工作，充分发挥示范点的示范样板和辐射带动作用。四是积极参与国际标准的研究制定，并逐步提高我国采用国际标准的比率。

积极开展森林认证工作，不断提高森林可持续经营的水平。参照国际森林可持续经营标准及指标体系，结合我国森林经营的特点和实际，系统建立我国森林可持续经营标准与指标体系，并在森林经营单位认真加以宣传、贯彻。同时，完成我国森林认证标准与原则的制定，在不同区域和不同层面的森林经营单位开展森林认证试点工作，完成森林认证机构、培训机构、人员资质技术规范的编制，建立比较完善的森林认证工作体系及其工作机构，促进我国森林可持续经营与国际接轨。

（四）加强专利工作，强化知识产权保护

根据国家实施专利战略的部署和要求，研究制定"林业知识产权保护条例"等管理办法，切实加强林业知识产权的保护与管理，维护国家、企事业单位和广大科技人员的合法

权益。采取有效措施，鼓励、引导广大科技人员从事专利技术的研究与开发，力争在林木良种选育、营造林、重大病虫害防治、森林产品加工利用等方面，创造出更多的拥有自主知识产权的专利产品或技术，不断提高我国林业专利产品的数量与质量。提高专利技术的应用水平，促进专利技术尽快转化为现实生产力，创造效益，形成市场竞争优势。

积极推进植物新品种保护工作。一是加强林业植物新品种保护测试机构和代理机构建设，为植物新品种保护工作的顺利开展奠定基础，创造条件。二是加强植物新品种测试技术标准的制定，加快植物新品种的申请、检测与名录发布工作。三是建立全国统一的植物新品种数据库，并建立信息管理系统和网络体系。四是加大对植物新品种权侵权、假冒等违法行为的打击力度，切实维护植物新品种发明者的合法权益。

（五）增强科技产业建设，努力提高林业产业的竞争力和整体实力

实现林业产业发展的战略目标，建立比较发达的林业产业体系，必须以科技为先导，充分发挥林业科技产业的强大推动作用。一是加强国家工程中心建设。依托工程中心在对科技成果进行中试的基础上，创造出科技含量高、市场竞争力强的优势产业和拥有自主知识产权、高附加值的名牌产品，使之成为林业科技产业的孵化器和辐射源。二是加强林业科技园区建设。根据林业科技力量布局和发展规划以及林业产业结构调整的需求，在全国范围内建设一批林业科技园区，以市场为导向，以林业科研机构和高等院校为技术依托，选择技术成熟、有良好产业化基础、市场前景好的科技成果进行优势集成、组装配套，形成规模化发展，建成集知识创新、技术创新、机制创新等多方面示范功能于一体的林业科技创新基地，培植一批科技型龙头企业。三是大力发展林业高新技术产业。紧密结合我国林业发展的实际，通过信息技术、生物技术、新材料技术等高新技术在林业上的应用，在林木种苗、竹藤花卉、资源培育、植物生长促进剂、木质及非木质新型复合材料、资源管理等方面建立一批林业高新技术企业，并以此促进传统林业产业的技术改造和产品的更新换代，提高林业产业的竞争力。四是建立健全符合市场经济规律的新型管理体制和运行机制。按照现代企业制度的要求，建立有效制衡的企业法人治理结构，实现政企分开，落实自主权，放活经营权；建立股份制、股份合作制等多种经营模式，形成有效的竞争激励机制，充分调动各方面投入林业科技产业建设的积极性。

（六）广泛开展林业科技国际合作与交流，提升林业科技的国际竞争力

随着全球经济一体化进程的加快，林业发展及生态环境建设将在一种更加开放的环境中进行，这给林业科技的发展带来了新的发展机遇和严峻的挑战。林业科技必须抓住机遇，沉着应对，尽快形成全方位、多层次、宽领域的对外开放新格局。一是针对 WTO 规

则要求及其变化，及时加强对科技政策等相关问题的研究，制定应对措施，调整发展战略。特别是要充分利用"绿箱政策"中有关的优惠措施，加强林业科技能力建设，提高林业科技持续创新能力。二是抓住机遇，充分利用好国内国外两种资源、两个市场，不断扩大科技合作与交流领域。实施"走出去"战略，鼓励林业科技人员参与国际重大林业问题的合作研究，取得自己的知识产权和发展的主动权；实施"请进来"战略，不断加大引进国外先进技术和智力工作力度，提高我国林业发展和生态环境建设的技术水平和管理水平。三是积极开展经济贸易活动，促使我国林业科技新产品、新技术进入国际市场，参与竞争，提高国际影响力。

二、建立健全人力资源开发体系

（一）用现代化思想指导林业人才开发和教育

在人才战略实施上，树立整体性人才开发的思想，培养和开发适应现代林业发展需要的行业人才；在培养开发模式上，树立人才要主动适应林业发展需要的思想，把人才开发培养建立在自我提高、自我加压的基础上；在基础与专业教育的关系上，树立加强基础教育，拓宽专业口径，增强人才培养适应性的思想；在知识传授与能力和素质的关系上，树立注重素质教育，集传授知识、培养能力与提高素质为一体，相互协调发展、综合提高的思想；在理论与实践的关系上，树立理论联系实际，强化实践教学的思想；在教与学的关系上，树立学生是教学活动的主体，更加重视学生独立学习能力和创新精神培养的思想；在统一要求与个性发展的关系上，树立在一定的教育目标指导下人才培养模式多样化以及加强因材施教，促进学生个性发展的思想；在本科教育与终身教育的关系上，树立本科教育要重视学生独立获取知识能力培养，为学生终身学习和继续发展奠定基础的思想。要充分认识到未来社会对高质量的人才需求的紧迫性，强化质量意识，建立起现代人才质量观。在加强素质教育中，注重学生思想道德素质、文化素质、业务素质和身心素质的全面发展。结合当地经济和社会发展实际，推动林业科技教育相结合，统筹发展农村的基础教育、职业教育、成人教育和高等教育，培养用得上、留得住的人才。

（二）建立健全林业教育培训制度，构建适应新世纪需要的人才培养模式

教育培训体系要建立政府统筹、教育部门主管、林业科技等多部门参与的管理机制。构建以高等院校、科研院所为龙头，以地市、县高中等职业院校为骨干，以乡、村农民学校为基础的省、地、县、乡、村林业农村教育培训体系。为扎实推进素质教育，应在农村初中适当引入劳动和生活技能的教育内容，特别是要把农村初中普遍开展"绿色证书"教

育作为实施"全国绿色证书"教育的有效途径，从而加力推动我国林科教的改革与发展。

高等林业院校要按照"培养基础扎实、知识面宽、能力强、素质高的高级专业人才"的总体要求，探索多样化、多规格化的人才培养模式。高等林业院校根据人才知识能力素质结构的整体走向，要着重针对传统内容与现代内容、传授知识与提高素质、基础与应用、继承与创新、实施面向 21 世纪教学内容与课程体系改革计划等方面，深入展开研究，取得成果，通过试点后推广应用。教学方法的改革要有利于加强学生自学能力、独立分析解决问题能力的培养，有利于加强学生创新思维和实际创新能力的培养，有利于个性和才能的全面发展。

要进一步明确中央与地方、行业与企业、行业与社会的责任与分工，正确处理好行业管理与地方管理、行业培训与工程培训、行业培训与社会培训的关系。

（三）完善林业教育培训体系和运行机制

进一步制定并完善林业各类岗位规范、资格认定制度和持证上岗制度，制定配套政策，把培训、考核和使用结合起来，逐步建立培训、考核与使用一体化的运行机制。在林业行业中逐步推行职业资格证书制度，切实加强林业职业技能鉴定工作。利用多种形式积极开展林业培训，鼓励学校、企业、个人和社会团体积极参与。企业要对所属员工定期地进行业务知识和技能的培训，创造条件为员工提供进修学习和培训的机会，包括在职或短期脱产免费培训、公共进修等。

网络教育的特点是信息量大，覆盖面宽，不受时间、地点的局限，适合社会各阶层受教育者的终身多种需求，是加强林业教育培训的好形式。要增加网络教育的各种设施，如专用卫星、计算机网络的硬件和软件。广泛开展网络教育，实施农村学校"校校通工程""农科教远程培训工程""西部农民远程教育工程"，扩大林业教育培训的覆盖面，尤其是要使西部地区和边远地区的学习者得到高质量的教育，基本普及信息技术教育，大幅度地提高农民的科学文化素质和运用科学技术的能力。联合高层次人才组成的国家科研院所、高等院校与企业形成网络，互相支持，成为一个开放的整体。重视基础教育，培养具有较高技能、能够传播最新知识的人力资源。

（四）活化用人机制

一是改革和完善专业技术职务聘任制，改革工资分配制度，改革大中专毕业生分配制度，建立社会保障制度，引导人才资源合理配置；二是发挥供求作用机制、竞争作用机制、工资作用机制等人才市场运行机制的作用，加强政府的政策指导和法律约束，使政策配套；三是吸引国内外高级人才为我国林业建设事业提供专门或短期服务，打破行政隶属关系、户籍管理制度和不同所有制关系对人才的束缚，实现人力资源跨地区、跨行业、跨所有制的优化组合；四是利用外国专家讲学、学术交流、合作研究、合作开发，合作培养研究生，指导实验室工作，用使其担任客座教授和顾问等方法，引进智力、信息和经验，实现人力资源的共享；五是支持多家企事业在自愿、互利的基础上，结成"人力资源战略联盟"，在更大范围内实现人力资源的共享。

（五）稳定基层和林区人才

通过对工资、福利、艰苦地区林业从业人员的津贴、特殊岗位津贴、住房待遇、工作条件、进修学习、职务职称晋升等政策调节措施，把优秀人才留在基层。据调查，林业行业的人员工资普遍比其他行业的人员工资要低，特别是林区工作人员的工资更低，因此，应制定向林业行业人员，尤其是基层或林区工作人员倾斜的工资、津贴和福利政策。比如，凡在林区工作的林业人员，可浮动工资，连续工作满一定年限的予以固定；长期在林区工作的人员，其津贴在工资中的构成可比国家规定的比例高；凡是到林区工作的大中专毕业生，可提前定级；对承担林业重大建设项目和重要研究课题的国内外专门人才实行岗位津贴制度，费用在项目和课题经费中专项列出；加大对员工提供经济性的福利服务项目的力度，例如，增加医疗保险、带薪疗养和休假的机会等。逐步改善基层和林区工作人员的工作和生活条件，进一步落实其子女入学就业、配偶安置和退休管理服务工作，在购房上应给予适当的照顾，切实解决他们的后顾之忧；对基层和林区工作人员的职务职称晋升给予适当的照顾，在同等条件下应优先予以晋升等。

（六）建立林业人才库，培育林业人才市场

加强人才信息的收集、加工、储存和提取工作，建立人才考核评价和人才调查统计体系（人才市场不仅仅指人才中介机构，它还包括人才供求的市场关系、市场信息、市场价格等内涵）。组建国家、省、地三级林业人才库，建设各级林业人才市场，建立完善各类林业人才网络体系，及时掌握人才资源状况，引导人才合理流动。

（七）制定劳工标准等措施，加强对林业劳工权益的保护

通过制定劳工标准，包括劳动报酬、劳动条件、劳动时间、劳动保护等措施，切实加强对林业劳工权益的保护。具体措施可以考虑：林区职工的工资标准不应低于同类行业人员，而且应保证按时足额发放；完善和落实各种基本的福利设施和制度，包括保证员工生活的项目（健康服务项目和各种集体服务设施）、员工文化娱乐项目和经济性的福利服务项目以及教育培训福利项目等。采取各种安全技术措施，控制或消除生产中极易造成员工伤害的各种不安全因素；采取各种劳动卫生措施，改善作业现场的劳动条件，避免化学

的、物理的、生物的有害有毒物质危害职工的身体健康，防止发生职业性中毒和职业病；遵守标准工作时间，严格控制加班加点现象，保证劳动者有适当的工余休息时间。完善劳动保护的管理制度，包括宣传教育制度、安全生产责任制度、安全生产检查制度等。

（八）加强对全社会的林业和生态意识教育，提高全民的生态意识

应把增强国民生态文明意识列入国民素质教育的重要内容。通过加强森林公园、自然保护区、生态科普基地建设，出版科普读物，开展生动活泼、喜闻乐见的群众性宣传教育活动，向国民特别是青少年展示古今中外丰富的森林文化，扩大生态文明宣传的深度和广度。增强国民生态忧患意识、参与意识和责任意识，树立国民的生态文明发展观、道德观、价值观，形成人与自然和谐相处的生产方式和生活方式。要把林业和生态知识纳入中小学课本中，纳入科学普及和社会道德教育培训体系，以学校教育为起点，建立健全结构优化、纵向衔接、横向沟通的林业教育新体系，以高等院校、科研院所为龙头，以各级各类全日制学校为依托，以地（市）、县高中等职业院校及乡、村林业学校为骨干，以各级林业教育培训基地为重点，突出职业教育，强化成人教育，推广网络教育（远程教育）和继续教育，全面提高全社会的林业和生态意识。

（九）加强林区教育和人才开发

政府应关心和支持林区基础教育，确保林业基础教育的投入，巩固和提高林区基础教育的质量。目前林区基础教育使林业企业不堪重负，可以结合国有林区管理体制改革，交由社会来办。要加快林业职业技术教育的发展步伐，密切结合林业发展的需要，进一步发展中等林业职业技术学校和高等林业职业技术学院，将其作为培养劳动后备力量的主力军队伍。充分利用现有资源，鼓励高等学校利用社会投资兴办或与企业合作举办高等林业职业技术学院，大力促进林业职业技术教育的发展。采取多元化办学模式，发展林业高等教育，为林业现代化建设培养大批合格的高层次林业人才，在发展现有公立林业高等教育的同时，吸收民间力量和外国资金，鼓励和支持社会力量办学，积极推动中外合作办学，形成多种所有制办学的格局。要制定优惠政策，稳定林区人才队伍，吸引国内外各类人才参与林区建设。

第四节　建立健全完备的林业法治体系

实行依法治林制度是保障林业发展、维护林业正常秩序的需要，也是林业发展的一条重要经验。在市场经济体制下，更要把林业建设的全过程都纳入法治建设，对各种生产经

营行为进行规范、引导和制约，强化与之相适应的法律，采取严格的法律手段保护森林，发展林业，保护林业建设者的合法权益，坚决打击一切破坏森林资源的违法犯罪行为。

一、强化综合法律对林业的支持，加强林业专项立法

清理、修改国家综合法律条款不适应加速林业发展的部分，使之适应林业发展的要求。在完善林业综合立法的基础上，强化林业专项立法，特别是要突出对生态建设、生态安全和生态文明的立法，抓紧制定天然林保护、退耕还林、湿地保护、国有森林资源经营管理、森林林木和林地使用权流转、林业建设资金使用管理、林业工程质量监管、林业重点工程建设等方面的专项法规，加快修订现行不适应市场经济要求的法律法规，尽快建立现有法律的配套法规体系，确保林业各方面的工作都有法可依。

二、建立和执行破坏森林资源案件责任追究制度

针对当前森林资源保护管理的严峻形势和大量案件的形势，要建立和严格执行发生破坏森林资源案件的责任追究制度。对凡是不认真履行职责，监管失误，甚至违反有关法律、法规和政策规定，执法犯法，导致森林资源遭到破坏的国家工作人员，要坚决追究其行政责任直至刑事责任。

三、加大违法犯罪的打击力度，有效遏制林业重大案件发生

要结合林业案件发生的形势，及时组织开展林业严打斗争，制造声势，严厉打击破坏森林资源的违法犯罪活动。林业系统内部监守自盗是一种十分恶劣的行为，造成的社会影响极为恶劣，必须切实加大查处和打击力度，决不姑息养奸。东北、内蒙古重点国有林区是我国森林资源分布最集中的地区，要把这一区域作为严打整治的重点区域来抓，打击重点是超限额采伐和企业法人的违法犯罪行为。要狠抓一批超限额采伐的典型案例，一查到底，直至追究企业法人的法律责任，以坚决遏制破坏森林资源犯罪行为的蔓延之风。林业主管部门要加强与公安、工商、海关、监察、环保和检、法部门的合作，相互支持，协同作战，形成严打整治的强大合力。对影响重大的案件，要请检察院和法院提前介入，力争快破、快捕、快判，做到严格依法办案，绝不以罚代刑，大事化小。要建立督办案件和严打情况通报制度，实行重点对象挂牌治理，领导挂牌督办，限期查结。

四、严格执法监管，建立规范约束的执法机制

一是实行案件报告制度和案件督办制度，对所辖区域发生的破坏森林资源案件，未及时发现、上报，甚至是隐瞒不报的，要严肃追究有关责任人员和领导的责任。对查处林业案件不力的，上一级林业主管部门要下达督办通知书，案件管辖单位要在限定时间内办理完毕并报告处理情况。

二是实行错案追究和赔偿责任制度，对不负责任造成有法不依、执法不严的，要追究执法人员的责任；对违法办案造成侵犯当事人合法权益的，要依法承担赔偿责任和其他法律责任。

三是加强执法检查，扩大社会监督，建立行政执法动态监督机制。在加强内部监督的同时，扩大外部监督制约。各级人大、政协要及时组织林业法实施情况检查、视察活动，抓住执法中的热点和难点问题，实行重点监督检查，对执法中存在的问题，督促其改正。加强对全社会的林业法治宣传教育，林业主管部门要广开举报途径，设立投诉电话，明确举报受理机构和人员，积极履行告知义务，自觉接受社会监督。

四是改革执法体制，进行相对集中的执法权探索。林业执法工作要不断适应林业发展的新形势，积极探索建立有利于提高林业执法权威和效率的执法体制。具体做法是，在县级以上林业主管部门设立综合性的专门执法机构，将以林业主管部门名义行使行政处罚权、现在由林业主管部门不同的内设机构负责查处的林业行政案件，全部由执法机构负责案件查处，其他机构负责主管业务的管理工作，不具体参与案件查处，林业主管部门的法治工作机构对执法工作依法负责监督管理。

五、规范执法行为，提高林业行政执法队伍素质

一要把好入门关，录用执法人员要有严格的标准，经考核合格的才能上岗，同时要安排政治素质好、责任心强的人从事执法工作。二要经常不断地抓好执法人员的学习、培训工作，使其牢牢掌握林业法律法规知识，对所从事执法工作的范围、对象、权限、手段、权利和义务等内容，必须熟练掌握，并且及时更新知识结构。三要抓好执法队伍教育，实行廉政执法，对少数素质低、不符合执法资格条件或者有违法乱纪行为的执法人员，要坚决予以清除。四要坚持实行凭证执法，从事林业行政执法活动的，应当取得全国统一的《林业行政执法证》。五要建立激励机制，定期开展评比活动，对在执法工作中成绩突出的执法人员，给予精神或者物质奖励。结合实行执法责任制和错案追究制等，建立和推行执

法人员考核"末位淘汰"机制，对一定时期内考核结果在本单位排名居后的执法人员，根据具体情况调离执法岗位，并重新安排工作。

六、强化林业普法，使公民知法懂法

林业普法是一项长期的、艰巨的工作。各级领导要高度重视普法工作，指定专人负责，建立专门的队伍，制定切实可行的普法规划和计划，明确普法工作的主要任务、目标、实施步骤和考核验收办法，提供并落实必需的经费，为完成各项普法工作创造良好条件。

（一）建立健全普法工作制度

要建立健全普法工作目标管理责任制。各级普法规划分解形成年度工作计划，层层落实工作任务，明确年度工作目标，并组织进行严格的考核，考核结果作为评价普法工作机构业绩及对普法工作人员进行奖惩的主要依据，以此加强对普法工作人员的管理，提高普法工作质量。要建立健全公务员法律知识学习培训和考核制度。应当始终把公务员列为重点普法对象，定期组织法律知识学习培训并进行考核。抓好了以公务员为主的普法对象的学习培训，就抓住了普法工作的重点。

（二）将普法考核结果作为干部职工晋升、晋级的重要依据

普法工作往往被视为"软"任务，是可有可无的事情，产生这种现象的原因主要在于人们对普法工作重视不够，对普法的作用认识不深。目前，把"软"任务变成"硬"指标是提高普法工作效率的关键所在。总结各地的经验，在今后的普法工作中，一个可行的办法是，逐级推行把普法考核结果作为干部职工晋升、晋级的重要依据之一，从而把普法工作与每一个普法对象的切身利益紧密相连。这样做既有利于提高人们对普法工作重要性的认识，增强普法工作实效，也有利于提高干部、职工自身的法律素质，从整体上不断推进普法工作。

（三）落实普法工作经费

普法工作的目标是提高全体公民特别是各级领导干部的法律素质，因此，普法工作具有一定的公益性。普法工作又是由各级政府及其有关部门组织进行的，体现了一定的政府职能。从做好普法工作的外部条件来说，必须保证一定的工作条件。所以，必须严格执行中央关于普法工作所需经费应列入各级政府财政预算的规定，确保普法工作的有效运转。

七、改革林业行政审批制度

要按照逐步建立与社会主义市场经济体制相适应的行政审批制度的要求，按照 WTO 的原则，改革林业行政审批制度，促进依法行政，提高行政效率。要在全面清理林业行政审批制度的基础上，提出改革的意见。改革的原则是正确处理合法性原则和合理性原则的统一，对既合法又合理的原则，提出保留意见；对有法律法规和规范性文件依据，但已不适应政府职能转变和市场经济要求的审批项目，提出取消或调整的意见；对符合合理原则，但不符合合法原则的，尽快提出依照法定程序制定文件的建议。

八、加强对国有森林资源的监管

由于国有林区管理体制不顺，在一定程度上加剧了对森林资源的破坏。要充分用足现有的条件，加强对国有森林资源的监管。按照《中华人民共和国森林法实施条例》的有关规定，抓紧向天然林资源保护工程区及重点集体林区的省份派驻森林资源监督机构，进一步加强对森林资源保护管理的监督检查。各地要从实际出发，逐级向下派驻森林资源监督机构。抓紧制定森林资源监督管理办法，规范监督行为，明确监督职责。对不履行职责，搞假监督和软监督的，要严肃追究监督机构主要领导的行政责任。

第五节　建立与国际接轨的新型合作交流体系

新世纪的林业发展必须积极面对经济全球化、贸易自由化以及我国加入 WTO 的机遇与挑战，广泛吸纳外部生产要素和先进管理思想，全方位扩大林业对外开放，加强林业领域的国际合作，加快国际接轨步伐，大力发展外向型经济，扩大林业发展空间。

一、顺应林业发展的国际趋势

（一）随着全球环境问题的加剧，林业的国际地位日显重要

随着全球对森林与环境问题的日益重视，全球林业正在发生着深刻的变化。人们最早认识的林业是一项传统产业。自 16 世纪早期工业革命以来，人类文明加速发展，但生态环境却在不断恶化。气候变化异常、生物物种消失、土地资源荒漠化等一系列与森林有关的环境问题使人们对林业内涵的认识逐步深化。林业已经成为国际政治、经济、外交斗争

的一个重要方面，地位日益重要。特别是 20 世纪 90 年代联合国环境与发展大会之后，林业的公益效益及其地位正在日益得到强化。为了迎接新形势的挑战，各国政府和国际组织纷纷调整了自己的发展战略，力求在竞争发展的大格局中立于不败之地。

自联合国环境与发展大会以来，国际社会先后成立了政府间森林问题工作组、政府间森林论坛、联合国森林论坛等机构，开展了世界范围内的官方磋商，力争在此问题上有所突破，以实现全球性的森林可持续发展。与此同时，由全球一百多个国家参加的森林可持续经营标准与指标的国际进程和林产品认证工作也在蓬勃发展，国际社会所产生的变化都不同程度地直接影响或间接波及了各个国家的林业部门。近年来全球范围内开展的林业政策、计划和管理机构的调整，不仅体现出外部的政治经济倾向，也反映了林业部门内部的变革。从经济贸易方面来看，我国入世后，将面临"国内市场国际化，国际竞争国内化"的残酷的竞争局面。上个世纪末期，亚太经合组织的一些发达成员就为更多地占领国际市场提出了要超前于 WTO 实施贸易投资自由化，林产品是优先讨论的商品之一，但通过发展中成员的努力使他们并未达到目的。入世后，中国将严格遵循国际通行的市场规则，实行公开、透明、平等的贸易和投资政策，进一步推动全方位、多层次、宽领域的对外开放。这也意味着我们在享受权利的同时还要承担相应的义务，在拓宽发展空间的同时要失去一些阵地。

（二）中国林业必须更广泛地参与国际分工与合作

经过多年的不懈努力，我国林业对外开放工作取得了显著的成绩。国家林业和草原局已同世界很多国家和地区建立了工作联系和合作关系，此外，还开展了海外森林开发，输出林业科技成果和林业机械设备等业务。

但是，随着全国和全球经济一体化进程的加快，地区界限、行业界限、国别界限越来越模糊。林业如果不加大力度，主动融入经济社会发展的大格局，就会逐步被时代所淘汰。我国必须紧紧抓住机遇，采取有力措施，在对外开放的广度和深度上迈出实质性步伐。开展对外交流与合作，这是实现林业跨越式发展的需要，是我国林业同世界林业接轨的需要，必须从世界经济发展的客观规律和共同发展趋势的高度认识我国对外开放的客观必要性，进一步实行走出去，引进来的对外开放政策，把对外开放作为一项战略性任务抓紧、抓好。要在自力更生的基础上，把视野从国内范围扩展到国际范围，放手调动国内一切可以调动的积极因素，放手利用国外一切可以为我所用的因素，引进来，走出去，学习、引进、吸收国外的先进经验和实用技术，以天下之长补己国之短。

二、加快林业与国际合作的有效措施

（一）增强开放的意识，树立正确的指导思想

面对林业改革开放发展的新形势，必须顺应全球化的发展趋势，进一步扩大对外开放力度，发展开放型经济，扩大商品和服务贸易，优化进出口结构，坚持和完善利用外资方针，有步骤地扩大开放程度，以增强中国林业在国际上的竞争力为目标，不断提高林业对外开放的水平和效益。

必须关注全球环境保护事业日益升温的形势，履行与林业有关的国际公约。必须从国际和国内发展的趋势出发，积极扩大国际合作与交流。必须跟踪全球林业动态，积极参加研究对策，按照维护国家权益、为国家林业建设服务的原则，积极参与国际合作。要针对我国加入世界贸易组织、参与国际森林问题磋商和亚太经合组织林产品贸易自由化谈判等国际重大活动，认真研究经济全球化后给中国林业带来的挑战和我国林业参与国际贸易的利弊，要结合多边国际谈判，积极参与全球林业游戏规则的制定，以及加快我国森林可持续经营标准与指标体系、森林认证体系的建立，及时做到中国林业与国际林业的接轨。

（二）积极参与林业全球游戏规则的制定

研究制定适合我国国情的森林可持续发展标准和指标体系，制定林产品贸易相关政策和对策，维护国家的根本权益。要充分利用"绿箱"政策，特别是有效利用结构调整支持、环境计划支持、地区援助等手段，加强林业的能力建设，提高我国林业产业的竞争力。

积极参与国际多边合作，在积极参与国际森林问题多边磋商以及亚太经合组织林产品贸易自由化谈判等对我国林业有影响的重要活动的同时，结合我国加入WTO的现实，认真研究我国林业，特别是林产工业面临的挑战以及将来国际森林公约政府间谈判、林产品区域贸易自由化给我国带来的利弊。

（三）利用好国内外两种资源、两个市场

要着力在引进技术、引进资金、引进管理经验上下功夫。实施木材资源进口替代和木材加工产品出口导向相结合的战略，尤其是沿海地区，应借助地利，发挥优势，为引进外资造林，发展林产工业创造经验。充分利用国际资源，弥补国内需求缺口，发挥比较优势，以形成多层次的对外开放格局。大力发展外向型经济，增强林业的国际竞争力。

（四）转变政府管理经济方式，提高按国际通则办事能力

最大限度地减少对林业企业的直接管理，变直接管理为间接管理，变单项管理为综合

管理，变实物管理为价值形态管理。同时，要改革林业投资体制，全面建立生态效益补偿制度，这是广泛吸收资金、调动全社会生态保护积极性的根本举措。

尽快建立现代企业制度，提高企业国际竞争力。要摆脱资源约束，加快工业原料林基地的建设步伐，加大国外森林资源的开发力度。人造板业要提高主导产品生产规模、档次，巩固市场占有率。制浆造纸业要实现林纸一体化，以市场为导向，做到以纸促林、以林保纸。森林旅游要加强优势旅游资源开发，培植森林旅游企业。花卉产业则要依据不同生态条件发展特色品种，着力市场建设等。

（五）开展全方位多领域的对外交流与合作

一是采取多元化的策略把林业融入国际主流。积极引进发达国家的关键技术、管理手段、政策经验及先进适用的成套设备，为我国林业建设事业服务。要发展双边，加强多边，稳定周边，开拓民间，积极促进林业对外开放的全面发展。即在合作渠道上，坚持官民并举，突出发挥民间渠道的灵活性；在合作对象的选择上，统筹兼顾，把引进技术和资金的重点放在西方发达国家上，把输出人才和科技成果以及引进资源的重点放在周边国家及其他发展中国家上；在合作形式上，要采取多样、灵活的方式，要发挥优势，扬长避短，进一步完善多渠道、多层次、多形式、全方位的对外交流与合作。

二是多渠道、多层次筹措资金，进一步加大利用外资力度。积极争取国外援助、优惠贷款和外商投资，投入营造林、林产工业、制浆造纸业等领域建设。①发挥林业资源优势，努力扶持外向型林业企业发展，在强化传统主导出口产品的同时，积极开发新兴产品、高附加值产品，把我国林业新产品、新技术打入国际市场，增强国际竞争力。②进一步扩大利用外资的规模。在充分利用林业自有资金、国家拨款和贷款的同时，还应实行多渠道、多方式、多层次的投入。要考虑把利用外资同调整经济结构、促进产业优化升级、提高企业经济效益结合起来，同建立和完善社会主义市场经济体制，增强林业行业的国际竞争力结合起来，同扩大出口，发展外向型经济结合起来。③抓住国际社会和发达国家关注环境和森林的有利时机，结合我国西部大开发战略中林业生态建设工程，继续积极争取无偿援助，同时积极探索利用发达国家的政府低息优惠贷款推动合资合作。根据我国商品林基地建设和林业产业化发展的实际需要，积极发挥政府外事部门的优势及桥梁作用，为企业使用外国政府贷款、招商引资搭台，形成政府搭台、企业唱戏的局面，扩大利用外资规模，以弥补国内林业建设资金的不足。

三是充分发挥科技合作的先导作用，促进我国林业的升级上位。科学技术的国际化、全球化趋势已日益明显，国际互动已成为参与国际竞争的重要手段。面向 21 世纪，林业科技发展必须站在国际化的高度来构想，要在扩大贸易、国际科技合作与交流等方面取得长足进展。林业国际合作要以科技为基础，以市场为导向，以贸易为纽带，以经济效益为目的，走科经贸一体化的发展道路。重点要在生态环境问题，实施西部大开发战略，林业重大工程建设以及林业产业建设中充分发挥其先导作用，通过进一步促进我国林业的科技创新，为林业发展提供强有力的支撑和保障，同时也为新世纪林业建设提供更广阔的发展空间，以推动林业的跨越式发展。

（六）从战略的角度抓好海外森林开发

要加大海外开发森林、输出劳务和技术的力度，合作方式可视本部门、本单位的具体情况灵活多样。要有重点地将对俄森林资源开发作为突破口，积极探讨与非洲、东南亚、南美洲等地区合作开发森林资源的有效途径和具体方式，通过境外投资获得长期来源，以缓解国内木材供需矛盾；与境外投资相结合，实行有选择的资源开发劳务输出政策，将林业开发项目与适量的劳务输出结合起来；以国内较成熟的技术和成套设备作为投资，有计划地到发展中国家发展林业加工业。

第四章　森林生态系统经营理论与技术

第一节　森林生态系统经营的概念及理论体系

一、森林生态系统经营的概念及基本内涵

（一）森林生态系统经营的概念

森林生态系统经营这一概念包括以下六个方面的含义。

一是生态系统经营不仅涉及资源管理技术的改革，还涉及思想和哲学等人文社会科学领域的改革。

二是以生态系统保护和恢复为焦点，超越传统的时空尺度和专业分工，实行综合资源管理。

三是以社会需要为基础，根据政策、法规等制订管理目标。

四是综合考虑生态、经济、社会效益。

五是在实践中首先重视公众参与和协作。把生态系统经营与社会改革相结合，认为各种利益集团和个人的协作与共同参与决策的管理是必不可少的。

六是现阶段的资源管理是在对复杂生态系统及其社会不十分了解、缺乏知识的条件下进行的。

因此，对计划的制订和实施、实施结果的监测和分析、计划的修订等不断重复这样一个过程是必不可少的。这个过程被称为适应性经营，是生态系统经营的一个关键概念。从这里可以看出，生态系统经营的核心是生态系统保护，以此为目的的资源管理与社会改革相结合的想法是一种新的资源管理思想。

（二）森林生态系统经营的基本内涵

森林生态系统经营的内涵（即本质属性）综合起来体现在以下几个方面。

1. 以生态学原理为指导

该指导原则突出体现在以下四个方面。

第一，重视等级结构。即经营者在任一生态水平上处理问题，必须从系统等级序列中（基因、物种、种群、生态系统及景观）寻找联系及解决办法。

第二，确定生态边界及合适的规模水平。

第三，确保森林生态系统完整性。即维持森林生态系统的格局和过程，保护生物多样性。

第四，仿效自然干扰机制。"仿效"是一个经营上的概念，不是"复制"以回到某种原始自然状态。

2. 实现可持续性

从生态学角度看，可持续性是反映一个生态系统动态地维持其组成、结构和功能的能力，从而维持林地的生产力及森林动植物群落的多样性；从社会经济方面看，则体现为与森林相关的基本人类需要（如食物、水、木质纤维等）及较高水平的社会与文化需要（如就业、娱乐等）的持续满足。因此，反映在实践上应是生态合理且益于社会良性运行的可持续森林经营。

3. 重视社会科学在森林经营中的作用

首先，承认人类社会是生态系统的有机组成，人类在其中扮演调控者的角色。人类既是许多可持续性问题的根源，又是实现可持续性的主导力量。森林生态系统经营不仅要考虑技术和经济上的可行性，而且要有社会和政治上的可接受性。它把社会科学综合进来，促进处理森林经营中的社会价值、公众参与、组织协作、冲突决策，以及政策、组织和制度设计，改进社会对森林的影响方式，协调社会系统与生态系统的关系。其次，森林经营进一步面对如何处理社会关于森林的价值选择问题。社会关于森林的价值，既是冲突的，又是变动不居的。

森林价值的演变，形成了森林经营思想的演变。

4. 适应性经营

适应性经营是一个人类遵循认识和实践规律，协调人与自然关系的适应性的渐进过程。

根据以上关于森林生态系统经营的概念及内涵的论述可以看出，森林生态系统经营的核心是生态系统的长期维持与保护，是森林可持续经营的一条生态途径，生态系统经营超越了人为划分的界线，以生态系统为对象，它协调社会经济和自然科学原理经营森林生态系统，并确保其可持续性。

二、森林生态系统经营理论的发展

森林生态系统经营的主要理论是生态系统经营理论，该理论是以森林生态学和景观生态学的原理为基础，并吸收森林永续经营理论中的合理部分，以实现森林的经济价值、生态价值和社会价值相互统一为经营目标，建成不但能永续生产木材和其他林产品，而且也能持续发挥保护生物多样性及改善生态环境等多种效益的林业。其指导思想是人类与自然协同发展，这与可持续发展是一脉相承的。森林生态系统经营管理对象是生态系统演替下的景观水平模式，是空间上不同生态系统的聚合。

（一）森林生态系统经营是一项复杂的系统工程

建立可以操作、实施的森林生态系统经营方案，是一项特殊的生态系统工程，需要从战略上、战术上、政策上、组织上、科学技术和人才建设上同步规划和协调。从战略上，政府要有长远的决策和明确的指导思想，必须协调国家和地方的目标，特别是要有保护森林生态公益方面的政策；在资金、税收、木材价格、生态效益补偿等方面做出有利于林业发展和林农利益的政策；从组织上要完善各级林政管理机构的职责范围，吸收广大农民积极参与森林经营管理活动，旨在使群众受益而不损坏生态环境和导致生态系统的退化；在国土整治、流域治理、土地长期利用等方面，建立起有效的合作计划，协调部门间的矛盾与冲突；在营林技术方面，要把景观水平多世代的稳定性作为目标管理，更多地重视营林中的生物措施；在人才教育方面，必须把生物技术方面和人文社会方面的知识和技能相结合，以培养综合型人才。更重要的是必须为林业设计一种新的、集中在森林资源综合培育、综合经营、综合利用、整体协调的发展模式，反映出森林生态系统在自然与人为干扰下，价值与秩序的不同模型。要建立合理的决策模式，资源与环境治理由社会受益部门共同承担，融多种价值于林业决策之中，建立一个综合、协调与可持续经营的森林生态系统。

（二）森林生态系统的资本经营理论

现代资本主义社会的工业革命，极大地扩大了人类物质发展的可能性。直到今天它的作用仍然在继续，但地球却要为之付出极大的代价。自 18 世纪中期以后自然界受到的损害要比整个史前时代造成的损害还要大。在工业体系达到极高的水平，聚集和累计人工资本的成就到达巅峰之时，人类文明赖以创造经济繁荣的自然资本却正在急剧减少，而这种损失的速率与物质福利成比例同步增长。自然资本包括常见的为人类所利用的资源，其中森林，尤其天然林就是其最典型的自然资本。天然林在全世界都以一种前所未有的速度不断衰退，伴随着天然林的减少，其群落中存在着的细菌、真菌、植物、池塘、哺乳动物、腐质土壤、两栖动物、鞭毛虫、昆虫、鸟类等也受到同样的威胁。

并不是由于人类活动或者物质的供应开始限制我们的发展，而是生命本身。今天，人类的进步受到的限制并非因为捕鱼船的数量，而是因为鱼的数量的减少；不是因为水泵的功率，而是因为地下水的耗竭；不是因为链锯的数量，而是因为天然林的消失。生命系统除了像木材、鱼类或食物一样是必不可少的资源外，它们还具有重要的提供服务的作用，而这种服务对于人类的繁荣来说，远比不可再生的资源更为重要。一片天然林可提供的不仅仅是木材资源，还可以提供蓄水和防洪服务。一种健康的环境不仅能自动地提供清洁的空气和水、降水、海洋生产力、肥沃的土壤和蓄水区复原力，还能提供一些较少被觉察到的功能，如垃圾处理（自然的和工业的）、对极端气候的缓冲作用和大气的更新等。

人类继承了地球 38 亿年的自然资本储备，按照自然资本现在利用和减少的速度计算，这种储备在 21 世纪末将会所剩无几。自然资本论认识到人工资本的生产和使用与自然资本的维护和供应之间存在着密切的相互依存关系。资本的传统定义是以投资、工厂和设备的形式积累财富。实际上，一种经济需要四种类型的资本来适当地运转：一是以劳动和智力，文化和组织形式出现的人力资本；二是由现金、投资和货币手段构成的金融资本；三是包括基础设施、机器、工具和工厂在内的加工资本；四是由资源、生命系统和生态系统构成的自然资本。

（三）自然资本的价值理论

森林生态系统是资本的财产，如果经营得好，它能够生产出一系列重要的服务，包括产品生产（如林副产品、木材）、生命支持过程（如授粉、纯净水质）、丰富人类生活条件（美术和风景）。森林生态系统还有保护方面的价值（如供未来使用的遗传多样性）。不幸的是，与其他相应的资本形式比较，森林生态系统没有得到有效的保护，甚至在很多情况下，正在退化和衰竭。森林生态系统在服务方面的功能也常常是在失去了相应的功能之后才被人们所觉察到。

从全世界来看，人们保护和恢复生态系统的目的是防止洪灾，净化水质，提高土壤肥力，稳定气候，提供娱乐场所和物质循环。这样的行动和努力得到了资金补偿，实现了生态系统的资本经营。最近，人们对自然的价值普遍提高了认识，相对来说，生态系统资本是大量的和丰富的，目前的关键问题是懂得如何去计量生态系统的价值以及这种价值的限度。

然而，对于生态系统的资本和价值问题，也引起很多争论。非市场商品的经济价值问题一直没找到有效的方法去估价。如果投资给自然1美元的价值，恢复生态学家、经济学家和决策者都会给出自己的价值思考。不过，要想使自然的价值完全用一种经济规则来计算，目前还是十分困难的。首先，向自然提供的"商品和服务"投资1美元，却忽略了这些系统独立于人类的价值，因为每一个物种都是独一无二的，也都有着无法估量的价值。许多恢复生态学家，甚至很多非专业人士都同意生物多样性远远比它们给人类社会所提供的可见价值更高，这是一个定性的问题，而不是一个定量的问题，因此，想要定量自然资本几乎是不可能的。

（四）近自然森林经营理论

疏伐择伐是森林生态系统经营的一个原则，因此近自然经营理论成为森林生态系统经营的重要基础理论之一。德国是最早开始近自然森林经营的国家，也是近自然森林经营最发达的国家。目前德国近自然森林经营体系的主要手段分为抚育和择伐。即人类对森林进行的利用是"近自然"的抚育和干扰，主要由森林自己生长。人们通过各种实验，不断改进方法。近自然森林经营是指充分利用森林生态系统内部的自然生长发育规律，从森林自然更新到稳定的顶极群落这样一个完整的森林生命过程的时间跨度来计划和设计各项经营活动，优化森林的结构和功能，充分利用与森林相关的各种自然力，不断优化森林经营过程，从而使生态与经济的需求能最佳结合的一种真正接近自然的森林经营模式。近自然森林经营的核心是以一种理解和尊重自然的态度经营森林，使其达到接近自然的状态，当然这种状态以原生植被和自然演替为参照。

德国近自然森林经营体系中将"近自然度"——森林接近自然状态的程度，分为如下七个等级。一是顶极群落森林。二是由顶极种和先锋种组成的过渡性群落森林。三是先锋群落森林。四是处于一、二级的森林群落但有非乡土树种成分。五是含有非乡土树种的先锋群落森林。六是由乡土树种组成但在不适合的立地上造林形成的森林群落。七是引进树种在不适合的立地上营造的林分。

近自然森林经营林分作业体系是以单株林木为对象进行的目标树抚育管理体系。具体做法是把所有林木分类为目标树、干扰树、生态保护树和其他树木等4种类型，使每株树都有自己的功能和成熟利用时点，都承担着生态效益、社会效益和经济效益。分类后需要永久地标记出林分的特征个体——目标树，并对其进行单株木抚育管理。目标树的选择指标包括生活力、干材质量、林木起源、损伤情况及林木年龄等方面。标记目标树就意味着以培育大径级林木为主对其持续地抚育管理，并按需要不断择伐干扰树及其他林木，直到目标树达到目标直径并有了足够的第二代下层更新幼树时即可择伐利用。在这个抚育择伐过程中根据林分结构和竞争关系的动态分析确定每次抚育择伐的具体目标干扰树，并充分地利用自然力，通过择伐实现林分的最佳混交状态及最大生长量和天然更新，实现林分质量的不断改进。

（五）森林生态系统经营理论和新林业

森林经营管理应该有调节森林生长的能力，以至世世代代从森林得到资源和其他服务。随着社会进步和科技的发展，森林永续利用概念在不断完善和演变，传统林业是以收获木材为主，现代林业强调生态系统经营。在有些地区常常看到"山上戴帽、山腰系带、山脚穿靴"的做法就是一种生态系统经营的观念。森林资源经营管理主要有两个层次的内容：一是宏观上制定发展和保护森林资源的规划与政策，对森林的无序采伐和破坏加以制约和限制；二是微观上对经营对象采用必要的经营管理技术，即微观实践。

目前有关"新林业"的概念也普遍受到重视，美国生态学家在研究森林经营时形成了新林业的概念，其目的是在保护一定面积原始林的效益时，也允许收获木材和林副产品等，缓和了保护和迅速的木材收获之间的冲突。新林业的概念可划分为两个部分：对林分经营的新方法和对景观经营的新模式。这种概念包括较长的轮伐期，部分采伐而不是皆伐，具有各种不同大小皆伐面积以保留一定数目的成熟活立木，为野生动物栖息地提供有效的空间。

三、森林生态系统经营与传统森林经营

森林资源按森林生态系统经营，它和传统的森林经营管理既有区别，又有联系，可以说是一种继承和发展的关系。传统森林经营管理是以木材生产为中心，把不利于永续利用的因素限制在最低条件下，强调一种或多种产品、产量的永续。而森林生态系统经营则强调维持生态系统的完整，追求系统整体所提供的全部效益和价值；传统森林经营管理的对象是林分或林分集合体，而后者则是生态系统演替下的景观水平模式，是空间上不同生态系统的聚合。按森林生态系统经营，首先必须在一个较大区域内，在更大的景观水平层次上，跨越所有权，把生态系统的整体性、稳定性和社会系统、经济系统的稳定性紧密结合起来，形成一种生态经济功能区划和规划。

四、森林生态系统经营的要素

传统的森林经营要么以"木材生产为中心"，要么以"利用资源为出发点"。我国的发展不管现在与将来都要解决生态和环境问题。要从根本上改善生态环境并使中国的经济和社会发展都走上良性轨道，在完善与实施生态系统经营过程中首先便要解决社会与经济

矛盾。最根本的矛盾是长期以来人们对森林和林业缺乏科学完整及正确的价值观。实施森林生态系统经营要在法律和制度上予以保障，然后再进行全民生态文化教育。除此之外，生态系统与技术要素的关系也很密切。所以森林生态系统经营的要素应包括四个方面的内容。一是社会要素。政策、体制、法治、文化及生态意识。二是经济要素。产权、调控机制、所有制、生产力水平等。三是自然要素。自然环境、森林资源等。四是技术要素。理论基础、技术人员、技术方案、技术实施过程等。

第二节　森林生态系统经营方法与途径

一、森林生态系统经营目标与原则

（一）森林生态系统经营的指导思想

自林业作为一个行业产生以来，森林经营的指导思想主要有两种。一种是功利主义或以人类为中心。这一指导思想得到了各国政府强有力的支持并在林业实践中占主导地位。具体体现在以森林的经济利用为核心，对森林的社会需要能以市场价格表达，更集中的表现是木材的永续利用。尽管后来发展为森林的多用途永续利用，但功利性质并未改变。另一种指导思想称之为非人类中心主义，认为生物社会有其自身的利益、完整性及内在价值，人类应该致力于保护而不是损害这种完整性、稳定和美丽。这两种观点都认为环境与发展是不相容的，并在实践中各执一端。而森林生态系统经营既承认人类需要的重要性，同时也面对现实，即要永久地满足这些需要是有限制的，有赖于生态系统的结构与功能的维持。因此，森林生态系统经营的指导思想是人类与自然的协同发展，它与可持续发展是一脉相承的。

（二）森林生态系统经营的目标

明确的目标对森林生态系统经营的成功是至关重要的。生态系统经营在维持生态完整性方面的目标是维持土地的生态可持续性。但在实践中，对可持续性目标的具体界定，应根据森林经营的生态、经济和社会背景综合考虑。

（三）森林生态系统经营的原则

1. 尽量保留现有森林景观类型

丰富的生物多样性是森林结构复杂性的前提条件，是实现森林多功能的基础，是森林生态系统自稳定、自维持和维护环境能力的根本生物学动因。保护生物多样性是维持森林生态系统的长期健康和持续活力，保护森林生态系统的生产力和可再生能力，以及持续发挥森林生态、社会和经济效益的基础。森林类型多样性是生物多样性在景观尺度上的一个等级层次，一个森林类型包含多个物种，保护森林类型也就保护了一批物种。现有的森林景观是在森林的自然演替及人为干扰下而形成的，自然形成的森林景观类型需要保护是显然的，对森林景观而言，森林类型多样性应列为第一个保护层次。

保留现有的森林景观类型，并不是毫无原则地保留。对一些与当地气候、立地条件不适的，生态功能退化，生产力低下，系统不稳定的一些景观类型，在生态系统经营时要及时改造。改造时以当地的顶极景观类型为模型，进行生态系统的恢复和重建。

2. 扩大当地顶极景观类型

一个气候区中的植物群落演替朝向一个共同的终点，其终点的植物群落是该气候作用下的最稳定群落，称之为气候顶极群落，它受控于此区的大气候，主要表现为群落的优势种能很好地适应该地的气候条件，只要气候不剧烈地改变，没有人类活动和动物的显著影响，以及其他外界重大干扰发生，这一稳定群落便一直存在，而且不可能再演替为任何新的优势植物群落。由于当地的顶极森林景观类型在生态系统中，其结构复杂，功能完善，系统稳定。因此，在森林生态系统经营中，把恢复原生植被作为森林生态系统经营的主体对象，把尽量扩大当地顶极群落景观类型作为经营的一个目标。

3. 坚持分类经营，提高集约经营程度

森林生态系统经营必须考虑到其生态稳定性和经济合理性，在提高森林生态系统生产力、资源的再生速率的基础上，还要提高森林生态系统资源的利用强度。森林生态系统资源不仅包括木材，而且包括所有的其他森林产品、服务和价值，森林生态系统的可持续利用要建立在森林生态系统整体可持续性的基础上。一方面对于本地系统稳定、生态效益好的森林生态类型，要尽可能地扩大，以充分发挥区域森林生态系统的生态效益和社会效益；另一方面，对于经济效益高，系统相对稳定，生态效益较好的景观类型，要提高集约经营程度，充分发掘其生产力潜力，实现生态系统经营中"三大效益"的统一。

二、森林生态系统经营实施过程

森林生态系统经营实施过程一般经历三个阶段：

（一）调查和评估阶段

森林生态系统经营的调查包括自然、经济和社会方面的调查，不仅重视多资源、多层

次的调查，而且重视评估，包括生态评估、经济评估和社会评估。特别要注意以往所忽视的社会经济及生态方面的信息采集。

（二）区划和区域规划阶段

以生态学为基础的土地利用规划，为土地适宜性分类和利用提供了一种新的方法和途径，即在一个全面保护、合理利用和可持续发展战略下，将多种资源和多种效益的要求分配（或整合）到每块土地和林分上，以保持一个健康的土地状况、森林状态和一个持久的土地生产力。通常，按生态系统经营规划是在四个空间范围内进行的，即区域、省或流域、集水区和生态小区。

（三）实施、监测和建立起自适应机制的阶段

这一阶段的行动包括在对未来取得共识的基础上，执行适应性管理过程，建立新的监测和信息系统，增加调研和调整计划的方法，增强部门内外机制的合作以及如何保证公众的参与等。

三、森林生态系统经营区划

森林生态系统经营区划是森林生态系统经营的基础，是森林生态系统经营的对象。因此，在森林生态系统经营实施之前必须进行森林生态系统经营区划。生态系统经营区划是从区域整体观念出发，把特定的区域划分为若干层次、各具特色的森林生态、经济功能单元，依此进行生态系统经营技术设计。在区划过程中，必须考察各单元及整个区域的森林生态系统结构和功能协调情况、生态和经济系统各因子及其组合特征，在特定的现阶段经济与社会环境下因地制宜地建立生态经营模式。

森林生态系统经营是以森林生态系统为对象，在生态学等理论的指导下，坚持分类经营思想，在景观尺度上，通过建立当地的顶极群落，以发挥森林生态系统的整体功能为目标。

为了能正确反映森林生态系统经营的内涵，体现生态系统经营的技术特点，要求我们对森林提出一种新的分类标准，以实施森林生态系统经营类型的区划，进行生态系统经营的技术设计和效益评价，为此我们将森林分为生态平衡林和生态输入林。

（一）森林生态系统经营的边界

森林生态系统是由人类社会—森林生物群落—自然环境组成的复合生态系统，它是由若干相互作用的子系统组成的一种网络结构，网络之间具有相互调节和制约作用，其功能

是整个系统网络的整体效应。有形利用是对网络某一个环节的利用，无形利用则是对网络集体效应的利用。随着生产力的发展和科学技术的进步，人们对森林的需求已不再是单纯的木材需求，这就要求人们在维持生态系统的前提下不断地向系统输入物质和能量，通过系统生产出满足人们多种需求的"生态产品"。在生态系统与社会经济系统多样性联系中，社会经济系统与森林生态系统应保持相对的输入—输出平衡，任何单纯以社会经济利益为目标对森林生态系统中多层次"金字塔形"结构任何一个层次的过度利用，都势必会对这种结构中其他层次产生不同程度的影响，从而削弱其他层次与社会经济系统的有益联系。森林无不与人类经济活动相联系，而这种联系能否与森林生态系统的平衡相协调一致，则是森林生态系统经营必须首先要解决的问题。人类对森林生态系统多样性需求一方面表现在对森林生态系统中营养级的多样性需求（如对木本植物的需求木材生产，需要在人工森林生态系统中置入适应当地自然条件的、生态效率较高的品种或类型，这样可缩短物质流和能量流的循环周期）；另一方面表现在对森林生态系统中网络集体效应的需求，即对森林生态功能的需求。森林生态系统经营从系统的边界和范围来看，必然要考虑到空间规模和时间尺度，它是时空相结合的空间系统。森林生态系统是一个由不同层次结构、不同规模组成的、开放的复杂巨系统，形成了一定的等级序列（如基因、物种、种群、系统、景观），构成一个和谐、稳定的整体。必须从它们之间的关系和不同层次要求确定生态边界和合适的规模水平，从上到下逐级控制，从下到上逐级整合，以便更好地为人类服务。成功的森林生态系统经营应当区划为不同的规模，如在区域、流域、景观、林分上来解决与生态、经济和社会的关系问题。从林分水平到景观水平，生态系统经营必须考虑人类社会是生态系统的有机组成这一基本观点，人类在森林生态系统经营中扮演着调控角色。因此，森林生态系统经营的研究对象就是人类参与了经营管理活动的森林生态系统。

森林生态系统经营是在不同生态等级水平上巧妙、综合地应用生态学知识以产生期望的资源价值、产品、服务和状况，并维持生态系统的多样性和生产力。它要求采取一种更为科学、客观的态度来经营森林资源，较之传统的森林经营有明显的区别。传统的森林经营是将森林当成一种可永续再生的自然资源来经营，并以木材生产为中心，追求的是价值最大的单一效用或多效用，经营过程中不重视森林的木材生产功能和生态服务功能的兼备性。森林生态系统经营则是将森林作为生物有机体和非生物环境组成的等级组织和复杂的系统来看待，是一种开放的复杂的大系统经营，经营中将森林的木材生产功能和生态服务功能结合起来，追求的是系统提供的全部效益和价值。森林生态系统经营重视森林资源的利用及社会对森林资源的需求，但必须以动态地维持森林生态系统的结构和功能良好，维持长期的土地生产力及生物多样性为前提。

（二）森林生态系统经营区划的原则

森林生态系统经营区划与其他区划不同，它是以整个森林生态系统为对象，在分类经营指导下，根据景观生态学理论和可持续发展理论，坚持生态功能优先，考虑整个生态系统功能的生产，以确定合理的经营区划。

1. 功能主导原则

森林生态系统经营的目的就是利用生态系统各种功能，满足人类对森林的要求。不同条件下，人类与森林生态系统的主要矛盾不尽相同，有的希望从森林中尽可能取得更多的木材产品，有的希望从森林中获得更多的非木材产品，有的希望从森林中得到更多的服务功能。因此，经营森林具有二重性，既要考虑经营单位的经济效益，又要考虑森林的公益性。根据当地经济社会发展需要，抓住林业生产的主要矛盾，确定森林生态系统经营目标。

2. 功能完整性原则

功能的完整性必须由结构的完整性保证，森林生态系统经营区划应使生态系统单元及其组合结构的完整性得到保证。保持生态系统正常的能量、物质流动，保持系统内各组成部分具备调节和控制功能。区域所划分对象必须是具有独特性，空间上完整的自然区域。即任何一个生态功能区都是完整的个体，不存在彼此分离的部分。

3. 可持续原则

生态系统经营的目的是实现资源合理开发利用，避免生态环境被破坏，追求人与自然的和谐共处，实现区域经济、社会、生态环境的可持续发展。

4. 功能与环境统一的原则

森林生态系统功能繁多，在特定区域对森林要求不同，如在水源库区，对森林生态系统的要求更多地表现在森林的水源涵养上；在平原地区，为了更好地保护森林资源，经营区划时必须考虑一定数量的薪炭林，以解决当地群众的能源问题。根据区域生态环境问题、生态环境敏感性、生态服务功能与生态系统结构过程、格局的关系，确定区划中的主导因子。

5. 科学性原则

生态系统经营区划应当在理论上具有坚实的技术基础和合理的科学内涵，能够较好地度量区域系统管理的状况、方略，能够较为客观、真实地反映生态系统经营的目标。

（三）森林生态系统经营区划细则

传统的森林经营实践中，一直以来是通过小班的区划来实现地块和林分的区分，并以此作为组织经营的基础。小班的划分虽然考虑了地形、土壤、优势树种等因素，但更多的是从资源调查统计和经营措施执行方面来考虑的，而不是从保持森林生态系统的整体性与森林资源综合经营角度来考虑的，而且小班的边界在经营过程中是不断变化的。

生态系统经营要求以一种更为科学、客观和谦虚的态度来经营森林。传统的森林经营是将森林当成可永续再生的自然资源。而森林生态系统经营则强调必须动态地维持森林生态系统的结构和功能良好，维持长期的土地生产力及生物多样性。在经营过程中，要求采取生态经济的观点和生态经济的方法，并在景观水平上评价不同的生态系统类型空间配置的合理性和各种经营措施的生态学后果。区划采用定性分区和定量分区相结合的方法自上而下进行不同等级的分区划界，即在地理信息系统应用软件的支持下，对各种自然要素、社会经济要素、区域生态环境敏感性分区、生态系统服务功能重要性分区图件空间叠加，并以各区划等级的主要指标空间分布特征确定分区边界。为了保持生态系统的完整性，便于进行有效的环境管理、生态环境保护与建设，确定边界时适当考虑山脉、河流、道路等重要自然地理界线和行政边界。

1. 区划因子

生态经营区划是在分类经营区划的基础上，在景观这个尺度上对森林生态系统进行区划。由于森林生态系统经营边界包括人类社会、非生物环境和森林植物三大部分，森林生态系统经营决策与自适应模型的研究各部分的因子属性是森林生态系统经营区划的主要因子。

（1）自然因子

森林生态系统功能因子，森林生态系统经营区划就是要保证在地域上相连，系统功能一致，经营方法相似。森林生态系统经营是在森林分类经营的基础上，根据景观生态学的原理，按照可持续经营的目标，对森林生态系统进行区划和组织。系统功能因子是森林生态系统经营区划的重要依据。这些因子包括林种、树种、林型，林种比例等。森林生态系统景观因子是区分生态系统景观结构、过程、功能分异性特征，是不同景观划分的重要因子。这些景观因子包括森林的组成植被、地形地貌、海拔等。其他立地因子是决定森林生产力高低的重要影响因子，适地适树是林业生产的基本原则。森林生态系统经营就是强调"环境、目标、功能"的三者统一。这些因子包括气候因子、土壤因子。

（2）社会因子

社会因子影响森林系统经营决定，是森林系统经营区划考虑的主要因子之一。

社会需求影响森林系统经营的方向，社会经济发展水平决定着森林生态系统的集约经营水平。这些因子包括人口密度、道路密度、工农业产值比等。

（3）经营因子

经营因子的强弱决定经营的集约程度，是生产管理水平高低的指标之一。经营集约程度决定经营措施。集约程度越高，经营措施越细，经营水平越高。经营因子包括单位投入量、单位用工量、单位技术人员数等。

2. 区划方法

区划方法是在分类经营的基础上进行的，也就是在传统森林经营的基础上进行的森林生态系统经营。因此，必须将小班区划和生态林型区划相结合来确定一个具体的森林生态系统经营单位的边界。这样区划出来的边界具有相对稳定性，同时区划出来的地域空间具有相对独立性。这样区划出来的边界可作为基本的生产经营类型单位和基本的功能单位。在此范围内，无论是短期还是长期经营，各种经营活动都应当确保受干扰和破坏后的森林生态系统的恢复和重建能力，应当确保不会造成系统的不可逆化。

区划方法是以分类经营为基础，在景观类型尺度上进行的森林生态系统经营。生态系统经营区划也是在传统的森林经营的基础上，在景观类型尺度上，对森林生态系统景观和功能的一种区划。区划时以森林生态系统的结构与功能的协调状况为主要标准，考虑地域和资源特征，体现生态育林的核心，坚持以功能因子和景观因子为主导，以自然因子和社会因子为辅，以自然区划为主，形成功能完整，地域上相对集中的区划方法。

为了尽量与传统的林业生产相衔接，在传统的林业生产向森林生态系统经营生产转变中不至于产生激烈变动和矛盾，所以需要将森林生态系统经营上的功能划分和景观划分与林种划分和林型划分相结合，把生态系统经营区划建立在"林种林型"基础上的一种森林生态系统"功能景观"的经营区划。

森林生态系统经营按生态类型划分为生态平衡林和生态输入林。生态平衡林是指森林生态系统相对平衡。它不仅表现在物种多样和遗传多样上，同时也表现在其他结构特征（垂直层次、生活型结构、微生境的变化、食物链、物质和能量的转换途径等）上独有的特征。它们与当地气候、立地条件相适应，结构协调，具有良好的生态效益。新一代林木在老龄林木死亡腐烂的林地上，从土壤中吸收无机养分而成长壮大，然后再以凋落物、动物粪便及残体等形式将养分物质归还给土壤。林地上有机物丰富，森林土壤形成了良好的结构。同时森林内丰富的植物种类、林中空地、老年木及枯死木为真菌、昆虫、鸟类和大型哺乳动物提供了最佳的营养条件和繁衍空间。达到了森林生物量最大、结构稳定、综合生产力高的生态平衡状态。总之，这时森林结构和功能相互适应，相互完善，生态系统在一定时间内各组分通过制约、转化、补偿、反馈等处于最优化的协调状态，具有很高的生产力，能量和物质的输入和输出接近相等，物质的储存量相对稳定，信息的控制自如且传递畅通，在外界干扰下，通过自我调节很快可以恢复到稳定状态。因此，它的经营主要以进行保护性经营为主，即维持它的最优结构与功能的协调状态，发挥最大的生态效益，并进行有目的的、细微的结构调整。根据这一思想，它最反对的经营类型是纯林和同龄林。反之，在非生态经营（如大面积人工育林）条件下所形成的森林，是树种单一、垂直层次单调的森林，或者当外界干扰远远超过了森林的生态阈值时形成的生态失调的森林，譬如，低质低效、能量流动受阻、生产力低下或者食物链中断的森林，这一类森林类型必须进行恢复生态式经营，所以称作生态输入林。在这一概念上，我们反对以任何形式对森林进行生态输出式经营。在森林生态系统经营中，不应该存在"生态输出林"。以生产木材、干鲜果及其他工业原料等获取经济效益为主的森林，树种单一、龄级一致的森林，立地条件差、生产力低、低质低效的森林都可划分为生态输入林的经营类型。

森林生态系统经营是在景观类型尺度上进行区划和组织的，根据"生态+功能+景观"的区划方式，生态系统经营类型可以进行组合区划。

四、森林生态系统经营主要类型的特点及措施

（一）生态平衡林公益林经营

这一类森林包括自然保护区、原始次生水源涵养林等。其经营原则主要有以下方面。

1. 实行分级保护性经营管理

（1）一级管理

对国家森林公园内的森林实行全封，未经林业主管部门批准，任何单位和个人不得进入保护区内进行营林活动和生活生产建设活动，不得进入该区内采集标本等。实行一级保护的主要有特种用途林、防护林中的灌木林和天然阔叶林。

（2）二级管理

自然保护区内根据林分现状和森林生态发育的需要，通过作业设计，适当开展抚育、间伐、择伐作业，以保障生态平衡林的透光性，保持它的生态平衡状态。

（3）三级管理

对生态平衡林其余的林分遵循保护与利用并举的方针，实行保护性经营，及时培养改造。对明显老化的林分进行小面积抚育、间伐、更新，但严禁全林皆伐、全树利用。

2. 建立有代表性的适应性经营区

以生态平衡林的标准林分建立有代表性的经营区，其他林分采取连续的计划、监控、评价和调节等措施，通过循环监控，完善经营计划，不断完善生态系统经营的技术、组织

管理经验及社会政治策略，并用生态平衡林的五个指标与标准林分进行量化比较，以最大限度地保持和提高生态系统的综合效益。

3. 经营过程中的主要技术环节

（1）免垦或穴垦法整地，天然更新或低密度造林，以利于形成复层、异龄、混交的森林结构。

（2）抚育间伐时，适当保留草灌层、老龄木、枯死木和林中空地，以增加物种多样性。

（3）木材采伐时采用择伐方式，避免全树利用，保留迹地残留物，以保持森林生态系统物质循环、能量流动的协调和平衡。

（4）利用生态系统的反馈机制控制火灾的发生，采取生物措施防治森林病虫害。

4. 加强管理

生态平衡林的管理主要是封山和守护，需要完备的基础设施，使它本身具备较强的抵抗自然灾害和人为灾害的能力。

（二）生态输入商品林经营

生态输入商品林经营主要是指丰产林，它不但造成土壤退化和水土流失，而且降低了山区的水源涵养能力。由于树种严重退化，大部分只能生产中小径材。

按生态系统经营的要求，这种林分培育不仅要着眼乔木层的生长和产量，同时还要着眼森林生态系统养分循环的动态平衡；不仅要着眼当前的经营效果，同时还要考虑下一代生产力的保持，以实现林地的持续利用和资源的持续发展。

1. 及时进行密度调控

调控所采用的密度应因地而宜，一般立地条件好的林地密度可以大一点，年龄越大，密度应越小。具体调控时，要注意栽培方式和栽培技术措施系列的组合两方面。栽培方式指对林地的空间布局和时间安排，如培育目标、混交方式、轮栽及轮伐期等。栽培方式的确定要从宏观和全局角度，对群落进行设计，构筑生产框架，决定人工林生态系统的发展方向、生产力和稳定性，它既要考虑当代林分的生长效果，又要考虑下一代的经营方式、作业安排（更新方式、轮栽或连栽等）及地力的维护。

技术系列组合是在栽培方式确定的培育目标和生产框架前提下，优化栽培技术措施组合，组装成配套的技术系列，如整地、种植点配置、林地土壤管理、间伐等的优化组合，发挥技术措施的整体效应。合理的栽培制度可以保持森林生态系统的循环朝着宏观有序、动态平衡的良性方向发展，实现林分单产较高、生态系统自我调节能力较强和林地肥力得以持续利用等目标。

2. 降低经营强度，减少人为干扰

首要是杜绝人为干扰引起人工林地力衰退的因素。同时改善整地和幼林抚育技术，降低造林密度。人工林只能栽植一茬。二代必须更换树种或采取萌芽更新后混栽阔叶树种形成杉、阔混交林。

3. 改善育种策略

改变过去单纯追求生长量指标的选优标准，选育目标多元化，如分别选育适应不同用途、不同立地条件的无性系，特别是能耐瘠、耐旱和抗性强的无性系，以此来增加人工林最初的抗性，使其在苗木阶段就有较强的生长能力。

（三）生态输入公益林经营

这一类森林的经营目的是通过生态抚育使生态系统生物多样性增加，结构趋于复杂，组成趋于稳定，达到动态平衡，综合生产力增强。为了达到这一目标，主要采用仿自然经营技术和手段。

1. 结构调控

任何森林立地都有其明显的地貌、局部气候、土壤和水源等特征，并与植物群落与动物群落一起，形成有潜力的天然森林群落（生物群落）。一旦立地条件发生变化（例如引进外来树种或气候变化），潜在的天然森林群落也会随之发生变化（外因演替）。大多数用材林，其树种、龄级和空间层次结构，或多或少因天然森林群落的立地条件不同而有所差异。因此，要提高森林生态的稳定性，增加生态投入，因势利导，使森林生态系统的人工生态规模达到最小。

（1）树种结构

立地的温度、湿度和肥沃度应当与该树种的生态要求相适应，即适地适树。树种要注意多样性，要因地制宜，凡是生态条件好的立地，其要求的树木层次及种类总是比生态条件差的立地要多，有些林分只适合本植物区系的乡土树种，一旦引进外来树种，它们就会相克，同时树种混交要考虑各个不同树种共处的效果，互相如何影响，群落怎样才能保持稳定，以及混交树种的配置、调控所需费用如何。树种的搭配程度应以合乎自然规律为宜。

（2）龄级结构

森林生态系统持续稳定地运作，其前提条件是要使新陈代谢过程不断地保持平衡和畅通，而这只有在龄级参差不齐的林分才能实现。森林生态系统要保持和功能协调的最佳龄

级结构。

（3）空间结构

为了充分提高森林的生产力和生物量，就要尽可能利用森林上层和下层的生长空间，以获取更多的能量和物质。生态条件好的立地和耐阴性强的树种，可以更有效、更充分地利用生长空间。所以要有最佳的空间结构和生物量蓄积，不同树龄伞状、带状、群状混交林被认为是最佳林分。空间结构调控的关键是要因地、因树种制宜。

2. 进行动态的规划

要保障森林生态系统持续稳定地运作，必须使新陈代谢过程不断保持平衡，这需要在原始生产者（绿色植物）、有机物的消费者和分解者这三者之间保持一定的相互关系。

（1）生物蓄积量保持一定的水平，生物量索取要有一定的限量，禁止皆伐，不允许全树利用，保留树枝、树叶和伐根。

（2）提高消耗的多样性，控制食物的供求关系，使之不利于食草动物的繁殖，以保护小生境。

（3）加速微生物的分解活动，保持适当的微生物食物供求关系。

（4）保障微生物适宜的小气候。

3. 促进自然演替

要使森林生态系统，从低级组织，经过中间阶段，构建高级组织的稳定平衡状态。在森林经营上要应用以下五点：

一是森林更新应尽量走天然更新的道路；

二是在老龄林的庇护下培育耐阴幼龄林木；

三是对老龄林木的树干施肥，进行抚育；

四是促进森林顺向演替，调控混交林；

五是改善先锋树种的发育条件，遏制逆行演替。

4. 按生态抚育的规则进行培育

按生态抚育的规则进行培育主要有以下措施：

一是通过立地调查，以潜在的自然森林群落的调查来确定生态育林的具体规则；

二是通过现有蓄积量的调查，及其对今后育林的影响程度来确定经营强度；

三是通过确定森林的物质生产、防护效益、生态景观等诸多功效来实施调节森林生态系统的结构，以达到森林的生态功能目的；

四是依据森林目前的潜在自然因素、主要功效和实现目标的费用及年限来规划林分的树种结构、空间结构、龄级结构，对这一类森林要严禁皆伐。

在实施以经营技术的同时，一定要注意以下五点：

一是自然与景观保护；

二是近自然的老龄林只有在近自然的幼树生长得以保证时，才能实现更新；

三是改造背离生态平衡的中龄林为生态平衡林；

四是抚育幼龄林、中龄林，使之成为稳定性和多样性森林；

五是对不再发挥作用的防护林开展抚育复壮工作。

第三节　森林生态系统经营评价

任何森林经营实践活动都有多种可供选择的方案，其效益亦有差别，因此有必要对经营活动进行计算、比较、论证和分析。根据森林生态系统经营的要求，必须选取最佳的生态经营途径，力求所选方案能够在生态平衡条件下达到经济合理与技术先进，或在经济合理、技术先进基础上实现生态平衡。这种计算、比较、论证和分析，以及对森林生态系统经营进行综合评价，需要筛选有关生态系统经营指标并建立一套科学的评价指标体系，通过对各种指标的计算、比较和分析，以获得科学、可信、为社会所认可的结论。

一、森林生态系统经营的评价定位

森林是稀缺资源，如果经营不善，它不仅不能发挥应有的作用，还会对国民建设和生态环境造成不可挽回的损失。森林又是特殊商品，它的价值不应只体现在木材上，它的功能是巨大的，又是十分复杂的。现在的关键问题不在于它本身的价值应怎样准确去计算，而在于全民及社会是否承认它的综合价值并为消化和使用它而有所补偿。可以说，森林的价值随着不同的历史和社会条件有不同的表现形式，要等到一切都准备好了再去补偿森林的价值，恐怕我们只能学会如何在"没有森林的世界"中生存了。因此，必须改变过去将木材产量作为林场主效益的评价方法，而应以环境价值作为森林资源价值的主要尺度。森林的多方面功能必须得到承认和实现。例如，没有森林的庇护就没有农业的收获；没有森林就没有清洁的水和新鲜的空气；没有森林水利部门就没有水库的容量和充足的水，也就没有水电。森林的机会成本表现在两个方面：一方面是经济体系为了获取森林所产生的同等功能所必需的投入。例如，某些缺水地区采用从水流量较大的河流中引水，而不是采用营造森林的办法；另一方面是经济体系的某些行为（如排出"三废"）损害了森林的功能。森林功能的损害构成产生这些行为主体的机会成本。在一般人工林生态效益评价中必须注意人工林的生态平衡问题。在人工林培育中，要考虑生态平衡的破坏，如为了节约开支采用劈草炼山，整地方式不顾及土壤的流失，采用单一树种等。在森林生态系统效益计算中，应当考虑人工林系统的生物多样性保护和系统功能的多样化，由此产生的投入增加必须进行评估，使之成为森林培育费用的合理组成部分。森林生态效益的评价可以采用功能替代法。假如森林的某些功能可以通过其他方法达到，那么有关这项功能的指标就有可能计算。例如，水库库容的保护可以使用挖泥的办法；为居民提供用水可以采取引水的办法。但是森林的功能往往是无法替代的或不能完全替代的。因此，森林生态效益的评价与其说是在进行功能替代法，还不如说是在警示我们：森林经营必须以生态效益为中心，否则一切都无从谈起。

二、森林生态系统经营的评价内容

第一，涵养水源和改善水质。如果森林生态系统得到改善，那么森林储水量会增加，水力发电量和保水保土功能也会增加，地表径流量减少，而且水质会提高。

第二，改善气候和大气质量。包括无霜天数的延长、高温天气的减少对农业的促进作用，以及释放氧气、森林吸收有毒物质和增加负离子等。

第三，生态系统的生产力。生态系统的改善能提高土壤肥力，降低土壤容量，最终提高森林生态系统的生产力。

第四，森林景观。这里主要指旅游开发价值。

第五，生物多样性和保护珍稀物种效益。

第六，基因库效益。也是森林生态系统不可忽视的具有科学研究、教学实习、传播旅游文化价值的巨大效益之一。

第七，抗逆作用。抗逆作用是指森林生态系统抵御自然灾害、病虫害及减少水土流失所产生的效益。

第八，多种经营产值。多种经营是指调节产业结构，理顺个人、集体与国家的关系，以及满足国家建设和人民生活需要的物质，包括木材产品。

第九，提高土壤肥力效益。

第十，防风固沙效益。

三、森林生态系统经营的评价方法

（一）森林生态系统经营的评价指标体系

1. 指标体系的构建原则

（1）综合性原则

确定的指标体系应综合反映资源、社会、经济及环境等各方面基本特征。

（2）指标场原则

根据系统所涉及的诸多方面，找出以林场为界的生态经济系统的若干因素，它们相互交叉构成多维指标体系。

（3）可比性原则

各个指标在可比的基础上应能进行量化。

（4）可操作性原则

它要求各个指标的含义明确，可进行实践操作。

（5）最少原则

最少原则指标体系应避免含义相同或相近的变量出现，所选指标必须简明、概括，并具有代表性。

2. 指标体系的构建方法——因素分析法

因素分析法是处理多变量、多指标数据的一种数学方法，可以从众多的观测变量中找出少数互相独立的因素来解释原有的变量，这些综合因素是不能通过直接观察测量得到的，而是根据综合因素与原变量间的关系程度定义的。通过因素分析法的数学处理可以将互相关联的多变量、多指标的复合生态系统简化成可以解释这些变量的综合因素，所以因素分析法能有效用于森林生态系统经营评价。

（1）因素分析法的基本原理

假设一个复合生态系统中有 N 个单元，每个单元又是一个相对独立的子系统，反映每个单元的自然、资源、经济等方面的指标共有 P 个，而这 P 个指标中可能有些相互影响。因素分析法就是要在 P 个指标变量中抽出少量几个综合因素，这几个综合因素能反映原来 P 个观测变量的信息，而且又是相互无关的。因素分析的数学模型是把 P 个观测变量分别表示为 $m < P$ 个公共因子和一个独特因子的加权线性和，即：

$$Z_i = a_{i1}F_1 + a_{i2}F_2 + \cdots + a_{im}F_m + a_i\varepsilon_i = \Sigma a_{ij}F_j + a_i\varepsilon_i (i = 1, 2, 3, \cdots, P)$$

式中：i——各评价指标序号；

Z_i——原变量的标准化变量；

F_1，F_2，$\cdots$，F_m——公共因子，它是在各个变量中共同出现的因子，因子间通常是彼此独立的；

j——因子序号，$j = 1$，2，$\cdots$，m（$m < P$）；

ε_i——独特因子，它们分别是各个对应变量 x，所特有的因子；

a_i——独特因子负荷，在实际应用中常取为零，即忽略不计随机项 ε_i；

a_{ij}——第 i 个变量在第 j 个公共因子的系数，称为因子负荷，$A = (a_{ij})$ 称为因子负荷矩阵。

实际上，因子负荷就是变量 Z_i 与公共因子 F_j 之间的相关系数，它反映了第 i 个变量在第 j 个公共因子上的相对重要性。

因子负荷矩阵中的各行因素平方之和：

$$h^2 = a_{i1}^2 + a_{i2}^2 + \cdots + a_{im}^2$$

称为变量 Z_i 公共因子方差，也称为共同度。每一个变量 Z_i 的方差可用下式表示：

$$DZ_i = a_{i1}^2 DF_1 + a_{i2}^2 DF_2 + \cdots + a_{im}^2 DF_m + a_{im}^2 D_i$$

由于对原观测变量、公共因子和独特因子进行了标准化处理，则有：

$$h_i^2 + a_i^2 = 1$$

上式表明，变量 Z_i 的方差由两部分组成：一部分是公共因子方差，h_i^2 越接近 1，说明变量的原始信息被公共因子概括的程度越高，因子分析越有效；另一部分则是独特因子的方差。

因子负荷矩阵各元素平方和 S_j 为单个公共因子 F_j 的方差贡献。

$$S_j = a_{1j}^2 + a_{2j}^2 + \cdots + a_{pj}^2$$

它等于公共因子 F_j 对应的特征值，即

$$S_j = \Sigma = a_{ij}^2 = \lambda_i$$

因此，在确定公共因子个数时，以特征根 λ_j 的累计百分数达到某一阈值（70% ~ 90%）为依据。

（2）因素分析法的应用要点

①选择指标变量。能否适当地选择指标变量关系到因素分析法的应用能否得到准确的结论。

②对原始数据矩阵进行标准化处理。由于指标量纲不统一，标准化处理将原始数列矩阵转化为标准分数矩阵，使指标数据具有可比性。

③计算相关系数。对标准分数矩阵中的每两个指标变量计算相关系数，就可以得到相

关系数矩阵 R 。

④计算 R 矩阵的特征值与特征向量。计算综合因素的贡献率及累积贡献率，从而决定选择因素的个数。

⑤计算因素分数。

⑥以各因数所解释的变异量为权数对因素分数进行求和，从而得到反映其发展水平的综合因素分数，通过综合因素分数即可分析区域特点及进行区域间比较。

（二）森林生态系统经营的评价模型

在实测数据基础上，应用数量化理论 I 对林场生态效益评价指标进行了回归预测。数量化理论 I 可用于定量基准变量（因变量）的预测问题。在该评价模型中，说明变量（自变量）为坡向、坡度、土地利用现状三个定性因子，因变量（基准变量）有生物量、土壤含水量、径流量、净化空气、森林景观价值、土壤有机质含量（0~20 厘米）、生物多样性七个定量因子，其数量化模型为：

$$y_k = b_0 + \sum_{j=1}^{p+1} \sum_{i=1}^{m_j} b(j, i)\delta_k(j, i)$$

式中：y_k——k 点的因变量值；

$\delta_k(j, i)$——第 k 点第 j 等级的反应（1 或 0）；

b_0——常系数；

$b(j, i)$——j 定性因子第 i 等级的得分；

m_j——第 j 定性因子的等级数。

（三）森林生态系统经营的评价结果计算

第一，依据各单项生态效益指标在森林体系中生态效益中的重要性，参考专家经验，赋予各项指标权重（0.0~1.0），生物量权重为 0.2，土壤含水量权重为 0.1，净化空气权重为 0.1，土壤有机质含量（0~20 厘米）权重为 0.1，生物多样性权重为 0.2，森林景观价值权重为 0.1，径流量权重为 0.2。

第二，将各指标划分等级标准，并给各等级标准确定等级值。

第三，求各指标不同等级标准指数，即指标等级标准指数。

$$I_{ij} = X_i Y_{ij}$$

式中：X_i——第 i 个指标的权重；

Y_{ij}——第 i 个指标的第 j 个等级值；

I_{ij}——第 i 个指标在第 j 个等级值的生态效益指数。

第四，生态效益综合指数计算。

地类生态效益综合指数：

$$I = \sum_{i=1}^{n} I_{ij}$$

式中：n 指标数。

林场生态效益综合指数：

$$WI = \sum_{i=1}^{m} (I_i \cdot A_i) / \sum_{i=1}^{m} A_i$$

式中：I_i ——第 i 种地类的生态效益综合指数；

A_i ——第 i 种地类的面积；

m ——林场地类总数。

第五章　多元化森林的营造

第一节　人工林的特点与结构

一、人工林种类

人工林是通过人工造林或人工更新形成的森林。造林是在无林地、无立木林地、疏林地、灌木林地和有林地通过人工措施形成、恢复和改善森林的过程，是在造林地上进行的播种造林、植苗造林和分殖造林的总称，包括人工造林和人工更新。

人工造林是在宜林的荒山、荒地及其他无林地通过人工植树或播种营造森林的过程。人工更新是在各种森林迹地（采伐迹地、火烧迹地）或林冠、林中空地通过人工植树或播种恢复森林的过程。

根据造林目的和人工林所发挥的效益，可把森林划分为不同的种类（简称林种）。林种不同，其造林措施也各有特点。《中华人民共和国森林法》将我国森林划分为五大类，即用材林、经济林、防护林、薪炭林和特种用途林。在分类经营中，常把防护林和特种用途林归为生态公益林，用材林、经济林和薪炭林合称为商品林。

（一）用材林

以生产木材为主要目的的森林。随着国家经济及科学技术的发展以及人民生活水平的提高，木材的用途越来越广，对木材的需求量也越来越大。由于经济实力和国际市场限制等方面的原因，大量营造用材林是解决这个矛盾的主要途径。用材林的营造和培育是林业工作者最基本的任务。

（二）经济林

以生产除木材以外的其他林产品为主要目的的森林。从经济林产品的形式上看，经济林产品基本上可划分为果品类（包括种子）和特用经济林产品（包括芽叶、皮类、汁液类产品）两大类。以生产果实或种子为经营目的的经济林，其产量与个体和群体结构、肥水条件和栽培技术措施关系密切，具有园艺化生产的特征；以生产特用经济林产品为栽培目的的经济林，其产量与群体密度、立地条件和栽培技术措施关系密切，具有林业生产的特征，但要求更高。由此可以看出，经济林经营既具有园艺化生产的特征，又具有森林经营的特点，其栽培技术要求更为全面。经济林以其周期短、效益高、适宜家户经营的优势，在农村产业结构调整、改善和提高人民群众的生活水平、为工农业生产提供多种原料、增加出口创汇、改善生态条件等方面发挥着越来越重要的作用。

（三）防护林

以发挥森林的防风固沙、涵养水源、保持水土等防护效益为主要目的的森林。防护林根据其主要防护对象的不同，可分为农田防护林、牧场防护林、海岸防护林、防风固沙林、水源涵养林、水土保持林等次级林种。

（四）薪炭林

以生产木质燃料为主要目的的森林。世界各国，特别是发展中国家，对木质燃料的消耗量很大，约占世界森林资源消耗量的一半。薪炭林是可再生生物能源资源，是世界公认的洁净能源，有利于环境保护和社会可持续发展。加快发展薪炭林，符合世界发展趋势，符合我国能源建设原则和目标，已被列入《中国 21 世纪议程林业行动计划》。

（五）特种用途林

以国防、环境保护、科学研究和生产繁殖材料等为主要目的的森林，包括国防林、实验林、母树林、风景林、环境保护林、名胜古迹和革命纪念地的森林和林木。从森林培育的角度看，要根据具体的用途确定其培育特点和采取相应的技术。随着工业发展带来的大气污染问题渐趋严重及不断增长的城市人口对于去郊外林区旅游休息的需求迅速提高，营造环境保护林及风景林已成为森林培育学的重要内容。

林种划分是相对的，每一个林种的功能都不是单一的，都兼有其他方面的效益。

此外，根据社会对森林生态和经济的两大需求，按照森林多种功能主导利用原则，相应地将森林、林木、林地区划为生态公益林和商品林两个不同的森林类别，分别按各自特点与规律运营管理体制和经营模式。

生态公益林以维护和创造优良生态环境、保持生态平衡、保护生物多样性等满足人类社会的生态需求和可持续发展为主体功能，主要是提供公益性、社会性产品或服务的森林、林木、林地。商品林是以生产木（竹）材和提供其他林产品，获得最大经济产出等满足人类社会的经济需求为主体功能的森林、林木、林地，主要是提供能进入市场流通的经济产品。

实施林业分类经营，可以从根本上转变林业经济体制和经济增长方式，实现市场经济条件下的森林资源合理配置，较好地解决林业作为物质生产部门和公益部门双重功能的矛盾，满足社会对森林不同功能的多样性需求。

二、人工林特点

根据森林起源的不同，将森林分为人工林和天然林。天然林包括原始林和次生林，它们是自然环境中的植被自行演替形成的森林群落。人工林是在人们有意识地干预下形成和发育的森林群落，更能体现人类对森林的需求。人们可以通过适地适树、选育良种、培育壮苗、密度管理、抚育管理、病虫害防治等集约经营措施，促使人工林达到速生、丰产、优质的目的。

天然林的成材年限都比较长，北方 10~120 年，南方 40~50 年。培育人工林可以大大缩短成材年限。

一般较好的天然林达到成熟年龄时，单位面积蓄积量为每公顷 200~300 立方米，而较好的人工林单位面积蓄积量在每公顷 300~400 立方米。

在人工林的培育过程中，人们通过选择树种使人工林的树干通直；通过控制林分结构使林木个体生长均匀，木材规格大小较一致；通过修枝、抹芽和适当密植等措施减少节疤。凡此种种，使得人工林在速生、丰产的同时，能提供优质的木材。

与天然林相比，集约经营的人工林具有生长快、产量高、质量好的特点，更能体现人类对森林的需求。因此，为了更好地发挥森林的经济效益、生态效益和社会效益，更好地满足人类社会对森林不同功能的多样性需求，应大力提倡营造人工林。

三、人工林结构

人工林结构是指组成林分的林木群体各组成成分的空间和时间分布格局，即组成林分的树种、比例、密度、配置、林层、根系等在时间和空间上的一定的水平分布和垂直分布状况。人工林并不是许多林木的简单组合，而是具有一定结构的林分群体。人工林的群体结构可以事先人为设计和在培育过程中进行调控。合理的群体结构是提高人工林生产率的重要手段，是人工林速生、丰产、优质的重要条件。

人工林结构包括水平结构和垂直结构两类。林分密度和种植点配置决定林分水平结构，树种组成和年龄决定林分垂直结构。树种组成是指构成林分的树种成分及其所占的比例。根据树种组成的不同，可将人工林分为纯林和混交林。由一种树种组成，或虽由多种树种组成，但主要树种的株数或断面积或蓄积量占总株数或总断面积或总蓄积量的80%（不含）以上的森林称为纯林。由两种或两种以上树种组成，其中主要树种的株数或断面积或蓄积量占总株数或总断面积或总蓄积量的80%（含）以下的森林称为混交林。

用材林理想的结构应是林木分布均匀、密度适中、复层林冠、种间协调的群体结构。这样既能保证林分中的每个个体充分地生长发育，又能最大限度地利用造林地的营养空间，获取更多的物质和能量，以发挥林分最大的生产潜力，达到速生、丰产、优质的目的。

第二节　造林树种的适地适树

适地适树是指将树木栽在最适宜它生长的地方，使造林树种的生态学特性与造林地的立地条件相适应，以充分发挥造林地的生产潜力，达到该立地在当前的技术经济和管理的条件下可能达到的高产水平或高效益。适地适树是造林工作的一项基本原则。造林实践中要在适地适树的基础上，选择最适宜当地的优良种源。

一、适地适树的标准和途径

（一）适地适树的标准

适地适树的标准主要根据造林的目的和要求来确定。对用材林来说，应达到成活、成林、成材，并对自然灾害有一定的抗御能力，林分有一定的稳定性的要求。从成材这一要求出发，还应当有一个数量标准，即在一定的年限内达到一定的产量指标。

衡量适地适树的数量标准主要有两个：一个是平均材积生长量，另一个是某树种在各种立地条件下的立地指数。

平均材积生长量。以一个树种在一定的立地条件和密度范围内，采用一定的经营技术，将达到成熟收获时的平均材积生长量作为衡量标准，达到一定的标准即为适地适树，否则，就没有达到适地适树。

立地指数。立地指数能够较好地反映立地性能与树种生长之间的关系。通过调查了解树种在各种立地条件下的立地指数，尤其是把不同树种在同一立地条件下的立地指数进行比较，就可以较客观地评价树种选择是否做到适地适树。

（二）适地适树的途径

第一，选树适地或选地适树。根据某一个造林地的立地条件选择合适的造林树种，如在干旱地选择耐旱树种；或者是确定了某一个造林树种后选择合适的造林地，如给喜水肥的树种选择水肥条件好的造林地。

第二，改树适地。在地、树之间某些方面不太适应的情况下，通过选种、引种驯化、育种等方法改变树种的某些特性，使它们能够适应当地环境条件。如通过育种措施增强树种的耐寒性、耐旱性或抗盐性，以适应寒冷、干旱或盐渍化的造林地。

第三，改地适树。在造林地上，通过整地、施肥、灌溉、混交、间种等措施改变造林地的环境状况，使其适应原来不太合适的树种生长的需要。如通过排灌洗盐，使一些不太抗盐的速生杨树品种能在盐碱地上顺利生长。

以上三条途径中，第一条途径是基础，第二、第三条途径是补充，只有在第一条途径的基础上辅以第二或第三条途径，才能取得良好的效果。因为改变树种的特性不是一朝一夕的事，而且难度较大；而人们改变造林地环境条件的程度是非常有限的，即使能有很大的改变，也要考虑投入与产出的关系，讲究投资效益。

二、适地适树的方法与步骤

（一）造林地特性

适地适树是造林的基本原则，要做到适地适树必须了解造林地的特性。确定合理的造林密度、选用有效的整地方法、拟定正确的抚育采伐等一系列营林措施都必须以充分了解造林地的特性为基础。生产中通过立地分类，将造林地划分成若干种反映当地实际环境条件的立地，归纳立地类型，描述各立地类型的地形特点、土壤特点、植被特点，来掌握造林地的特性。

（二）造林树种特性

树种特性包括生物学特性和生态学特性。根据造林目的选择树种时考虑的是生物学特性。

自然界中树种千千万万，不同树种的生态学特性是不一样的，适应范围也不相同，有的树种的适应范围广，而另一些树种的适应范围较窄。落叶松、樟子松、桉树、马尾松、刺槐、杨树、泡桐、檫树喜光，而云杉、冷杉、棕榈、青冈栎耐阴；桉树、杉木、马尾松、樟树、油茶、毛竹喜温暖，而樟子松、油松、文冠果耐寒冷；杉木、檫树、泡桐、毛竹喜肥，而马尾松、刺槐、臭椿能耐瘠薄；多数树种在微酸性及中性土壤中生长较好，而桉树、油茶、马尾松、茶树喜酸性土，柏树、光桐喜钙质土；多数树种不耐盐碱，而柽柳、柳树、胡杨、刺槐、紫穗槐等树种较耐盐碱。每个树种都有一定的生态要求和适应范围，只有在其适宜的生态环境中才能生长良好。因此，选择树种不仅要了解其生物学特性，还必须了解其生态学特性。了解树种生态学特性有两种方法。第一，文献法。通过查阅现有的文献资料，摸清造林树种对上述生态因子的要求。第二，调查分析法。在无文献资料可查的情况下，通过对树种分布区内不同地点生态因子和树木生长情况的调查和分析，摸清造林树种的生态要求。

（三）分析地树关系，确定适生树种

在深刻认识树和地特性的基础上，分析地与树之间的关系是否协调，即分析树种的生态学特性与造林地的立地条件是否相一致。

1. 分析树种对气候因子的要求

气候是限制树种分布的重要因素，一般各树种自然分布的中心是该树种生长最适宜的地区，在生长量、繁殖力、干形、抗性、寿命等方面都比较良好。相反，在愈接近其分布区边缘则生长愈差。在气候条件中，影响林木生长最重要的因子是气温（平均温度、最高及最低温度、有效积温等）和雨量（年降水量及其分布规律等）。此外，日照、空气相对湿度、风等因子也有一定的影响。选择树种时应逐个分析树种对上述气候因子的要求与造林地的相应气候因子是否相符合。

2. 分析树种对土壤因子的要求

在同一气候带内，土壤与树木生长的关系极为密切，树种不同，对土壤条件的要求也不同。在土壤条件中，影响树种选择的主要因素是土壤的养分、水分、酸碱度及盐渍化程度等。选择树种时应逐个分析树种对上述土壤因子的要求与造林地的相应土壤因子是否相符合。

3. 分析树种对地形因子的要求

海拔、坡向、坡度、坡位和小地形不同，温度、风、雨水、湿度、日照时间、土壤水分和养分等也不同。选择树种时应逐个分析树种对上述地形因子的要求与造林地的相应地形因子是否相符合。

在分析树种对土壤因子和地形因子的要求时，不应与一块块的造林地块相比较，应与一个个的立地类型相比较。这样，划分立地类型才有实际意义，才能提高工作效率。

（四）确定适地适树方案

通过地树关系分析，在一个经营单位内，同一种立地条件可能有几个适宜树种，同一个树种也可能适用于几种立地条件。不同树种的适应性大小和经济价值、生态价值也有较大差异，应将造林目的与适地适树的要求结合起来综合考虑，确定适地适树的方案，即确

定哪些是主要造林树种，哪些是次要造林树种，并确定发展的比例。

主要造林树种应是最适生、最高产、经济价值最大的树种；而次要造林树种则是那些经济价值很高但要求条件过于苛刻，或适应性很强但经济价值稍低的树种，或其他能适应特殊立地条件的树种。

每个经营单位根据经营方针、林种比例及立地条件特点，选定主要造林树种。但是必须注意，在一个经营单位内，树种不能太单调，要把速生树种和珍贵树种、针叶树种和阔叶树种、对立地条件要求严格的树种和广域性树种适当地搭配起来，以定各树种适宜的发展比例，这样既能发挥多种立地条件的综合生产潜力，又能满足经济社会发展多方面的要求，并发挥良好的生态效益。

第三节　造林作业设计

一、造林树种选择

（一）造林树种选择的意义

造林树种和种源（或品种、类型）选择正确与否是人工造林成败及人工林效益能否正常发挥的关键。

我国是世界造林大国，人工林的数量占世界首位。但是，我国人工林的生产力依然不高，单位面积蓄积量低。北方干旱地区栽植的杨树有不少形成了"小老头"林，这与树种选择有很大的关系。我国地域辽阔，立地千差万别，种树资源丰富且要求各异，因此应正确选择树种，做到适地适树。

（二）造林树种选择的原则

1. 生态原则

首先是树种的生物学特征、生态学特征与造林地条件相适应，即适地适树原则；其次是树种选择应具有多样性，根据经营目标，因地制宜地确定针叶树种和阔叶树种。乔木和灌木比例合理，选择多树种造林，防止树种单一化。

2. 经济原则

满足国民经济建设对林业的要求，即根据森林主导功能和经营目标选择造林树种，优先选择生态目的和经济目的相结合的树种。

3. 林学原则

林学原则指繁殖材料来源的广泛性、繁殖的难易程度、森林经营技术的成熟性等。

4. 稳定原则

优先选择优良乡土树种，慎用外来树种，选择稳定性好、抗性强的树种；对于容易引起地力衰退的树种，种植一、二代后，应更换其他适宜造林树种，使选择的造林树种形成的林分长期稳定。

5. 可行性原则

造林应实行经济有利、现实可行的原则。

（三）各林种造林树种的选择

1. 用材林树种的选择

（1）速生性

树种生长速度快、成材早是选择用材林树种的重要条件。我国的速生树种资源丰富，如桉树、杨树、相思树、杉木、马尾松、落叶松、油松、湿地松、柳杉、水杉、池杉、落羽杉、刺槐、泡桐、檫树、毛竹等都是很有前途的速生用材林树种。

（2）丰产性

即树种单位面积的蓄积量高。一般树种树形高大，相对长寿，材积生长的速生期维持较长，冠幅小，又适于密植，是获得单位面积木材丰产的重要条件。丰产性与速生性既有联系又有区别。有些树种既能速生，又能丰产，如杉木、桉树、杨树、马尾松、相思树；有些树种只能速生，不能丰产，如苦楝、泡桐、檫树、刺槐；还有些树种，如红松、云杉等有丰产的特性，但不能够速生，如果以培育大径材为目标，在采取适当的培育措施之后，这些树种也可取得相当高的生产率，有时还可以超过某些速生树种。

（3）优质性

良好的用材林树种应该具有树干通直、圆满、分枝细小、整枝性能良好等优良特性，且应具有良好的材性。木材的用途不同，要求木材的材性也不一样。如一般的用材要求材质坚韧，纹理通直、均匀，不翘不裂，不易变形，便于加工，耐磨，抗腐蚀等；家具用材还进一步要求材质致密，纹理美观，具有光泽和香气等；造纸用材则着重要求木材的纤维含量高，纤维长度长等。

在营造人工林时，应尽量选择同时具有速生、丰产、优质特性的树种，但没有一个树种是十全十美的，因此，在选择用材林树种时应做全面分析比较，根据立地条件选择一些木材质量优良，但不具有速生特性的珍贵树种，并重视优良种源的选择。

2. 经济林树种的选择

经济林必须选择生长快、收益早、产量高、质量好、用途广、价值大、抗性强、收获期长的优良树种。由于利用部位不同，选择时应着重考虑各产品的具体要求，注意选择具有良好经济性状的品种或类型。与用材林树种选择一样，经济林树种选择也应重视品种或类型的选择。

3. 薪炭林树种的选择

薪炭林树种要求具有速生性、生物量大、繁殖容易、萌蘖力强、易燃、旺火、适应性强，还应考虑其木材在燃烧时烟少、无毒气产生等特点。

4. 防护林树种的选择

防护林树种一般应具有生长快、郁闭早、寿命长、防护作用持久、根系发达、耐干旱瘠薄、繁殖容易、落叶丰富、能改良土壤等特点。但由于各种防护林的防护对象不同，因此对选择树种的要求也不一样。

营造农田、苗圃和草（牧）场防护林的主要树种应具有树体高大、树冠适宜、深根性等特点；果园等防护林的树种应具有隔离、防护作用，且没有与果树有共同病虫害或是其中间寄主；风沙地、盐碱地和水湿地的树种应分别具有相应的抗性；在干旱、半干旱地区可分别优先选用耐干旱的灌木树种、亚乔木树种；严重风蚀、干旱地区要注意选择根系发达、耐风蚀、耐干旱的树种。

5. 特种用途林树种的选择

特种用途林树种应根据不同造林目的进行选择。实验林和母树林可根据实验和采种（条）的需要分别选择适宜的造林树种；名胜古迹和革命圣地也应根据不同的特点选择造林树种；疗养区周围营造以保健为主要目的的人工林，最好选用能挥发具有杀菌物质和美化环境的树种，大部分松属及桉属的树种都具有这种性能；厂矿周围，特别是在有毒气体（二氧化硫、氟化氢、氯气等）产生的厂矿周围，注意选择抗污染性强又能吸收污染气体的树种；在城市附近，为了给人们提供旅游休憩的场所，除了要考虑树种的保健性能以外，还要考虑美化、香化、彩化的要求及游乐休憩的需要，且能用不同树种交替配置，相映成趣，而不要形成呆板的环境。

二、造林密度与种植点配置

（一）造林密度

造林密度是指单位面积造林地上的栽植点或播种点（穴）数，通常以每公顷多少株

（穴）来表示，是在规划设计及施工时确定的。

造林密度影响到林分的生长、发育、稳定性、产量、质量和生态效益，以及造林成本、种苗量、整地工程量、后期抚育管理工作量，资金投入。

研究造林密度的意义在于充分了解各种密度所形成的群体，以及该群体内个体之间的相互作用规律，从而使林分在发育过程中人为措施控制之下始终形成合理的群体结构。

以密度的作用规律为基础，以经营目的、树种特性、立地条件为主要考虑因子。

经营目的。经营目的体现在林种和材种上。林种、材种不同，在培育过程中所需的群体结构不同，林分的密度也应不同，故确定造林密度应考虑不同的林种、材种对群体结构的需要。

用材林需要林分形成有利于主干生长的群体结构，造林密度不应疏，也不应太密，要根据材种确定适宜的造林密度。

果用经济林要求树冠充分见光，且原则上在培育过程中不间伐，造林密度宜小；皮用经济林的产量与树干的大小相关，故与用材林相似；叶用经济林要求密植，以迅速获得较大的生物量；薪炭林也要求迅速获得较大的生物量，故应密植。

防护林也要求迅速获得较大的生物量，以更好地发挥防护作用，通常应密植，但应随着防护林类型的不同而有所不同。水土保持林和防风固沙林要求林分迅速覆盖林地，宜形成乔灌混交的复层结构，乔木、灌木的总密度要大；农田防护林应根据林带疏透度的要求确定适当的密度。

总而言之，不同林种相比较，果用经济林宜疏，用材林居中，防护林和薪炭林宜密，但必须注意，无论是宜疏还是宜密或居中，都存在合理密度的问题。

确定造林密度的方法。第一，经验法。对过去人工造林的密度进行调查，判断其合理性和进一步调查的方向和范围，从而确定在新的条件下采用的初始密度和经营密度。此法随意性较大，需要使用者有足够的理论知识及生产经验。第二，试验法。通过不同密度的造林试验结果来确定合适的造林密度及经营密度。此法准确可靠，但受时间和树种多样性的影响，不易普及，只能对几个主要造林树种在其典型的生长条件下进行密度试验，且通过密度试验得出的是密度作用的生物规律，实际指导生产的密度范围还要做进一步的经济分析。第三，调查法。调查不同密度下林分生产发育状况，取得大量数据后进行统计分析，计算各种参数，确定造林密度。此法易操作，使用较广泛，已得到了不少有益的成果。调查的重点项目有：树冠扩展速度与郁闭期限的关系，密度与直径的关系，初始密度与第一次疏伐开始期及当时的林木生长状况的关系，密度与树冠大小、直径生长、个体体积生长的关系，密度与现存蓄积量、材积生长量和总产量的关系等。掌握这些规律之后，就不难确定造林密度。

密度管理图（表）法。某些主要造林树种已进行了大量的密度规律的研究，并制定了各种地区性的密度管理图（表），可通过查阅相应的图（表）来确定造林密度。

（二）种植点的配置和计算

种植点的配置指播种点或栽植点在造林地上的间距及其排列方式。同种造林密度可以由不同的配置方式来体现，从而形成不同的林分结构。

1. 种植点的配置

（1）行状配置

这种配置可使林木较均匀地分布，能充分地利用营养空间，树干发育较好，也便于抚育管理，目前应用最为普遍。行状配置又可分为以下三种形式。

①正方形配置

株距、行距相等，种植点位于正方形的顶点。这种配置栽植和管理都比较方便，植株分布和林木生长发育比较均匀、整齐，多适用于平地或缓坡地营造用材林和经济林。

②长方形配置

行距大于株距。这种配置有利于行间抚育和间作，便于施工和机械作业。但林木发展不够均匀，株间郁闭早，行间郁闭晚，在株距、行距相差悬殊的情况下往往出现偏冠，影响树干的圆满度。在山地上用长方形配置时种植行的方向应与等高线一致；在风沙地区，种植行的方向应与主要害风方向垂直；在平原地区，南北方向的行比东西方向的行更有利于充分利用光能。

③正三角形配置

行间种植点彼此错开，也称品字形配置。营造水土保持林、防风固沙林，往往采用正三角形配置。这种配置有利于树冠均匀发育和发挥防护作用。正三角形配置时株与株之间的距离最为均匀，对光照的利用最充分，并且行距小于株距，在株距相同的条件下，株数可比正方形配置多15%。正三角形配置最适用于平地和不进行间伐的经济林、果树栽培和园林绿化等。在山地营造用材林，用这种配置施工比较困难，在间伐后，这种配置方式难于保持，故应用较少。

（2）群状配置

群状配置也称"簇式配置""植生组配置"。植株在造林地上呈不均匀的群（簇）分布，群内植株密集（间距很小），而群与群之间的距离较大。群的大小从环境需要出发，从三株至五株到十几株或更多。群的排列可以是规则的，也可以是不规则的。这种配置方式可使群内迅速郁闭，有利于抗御外界不良环境因子的危害，但在光能利用以及林木生长发育等方面均不如行状配置，一般在防护林营造、立地条件很差的地区造林、迹地更新及低价值林分改造或风景林营造上有一定的应用价值。

2. 种植点的计算

种植点的配置方式及株行距确定以后，单位面积种植点的数量可以根据株行距大小和配置方式用表5-1中的公式计算。

表5-1　单位面积种植点数量的计算公式

配置方式	正方形	长方形	正三角形
计算公式	$N = \dfrac{A}{a^2}$	$N = \dfrac{A}{ab}$	$N = \dfrac{A}{0.866a^2} = 1.155 \times \dfrac{A}{a^2}$
说明		N——株数 A——面积 a——株距 b——行距	

如果采取群丛植树法，则分别用上述公式再乘以每一群的株数。

必须指出，造林地面积是指水平面积，株行距也是指水平距离，在山地造林定点时，行距应按地面的坡度加以调整。

三、树种组成设计

（一）混交林的优势及应用条件

1. 混交林的优势

充分利用营养空间。利用生态学特性和生物学特性不同的树种进行混交，可以使营养空间得到最大限度的利用，如将喜光和耐阴、深根性与浅根性、速生与慢生、针叶与阔叶、常绿与落叶、宽冠幅与窄冠幅、喜肥与耐瘠薄等树种混交在一起，可以占有较大地上、地下空间，有利于各树种分别在不同时期和不同层次范围内利用光能、水分及各种营养物质，提高林地生产力。例如，杉木与马尾松、杉木与枫香混交。

有效改善立地条件。混交林所形成的复杂结构，有利于改善林地小气候（光、热、水、气等）；混交林还能缓解纯林中林木对某些土壤营养元素的专一吸收，防止土壤理化性质恶化，地力衰退；阔叶树种（尤其是固氮树种）与针叶树种混交，不仅能够使林分总的落叶量增加，养分回归量增大，还可以大大加快枝落物的分解速度，加快养分的积累和循环，提高土壤养分有效化，改善土壤结构，使土壤疏松肥沃。

搭配合理的混交林，不但产量提高，而且由于有伴生树种的辅佐作用，主要树种的主干圆满通直，自然整枝迅速，干材质量好。此外，不同树种混交还有利于生产多种林产品，使长远利益与当前利益结合起来。

生态效益和社会效益好。当前生态效益已成为森林主要的功能，而混交林在保持水土、涵养水源、防风固沙、净化空气、恢复生态系统等方面的效应更为显著。混交林的林冠结构复杂，层次较多，拦截雨量能力大于纯林，对害风风速的减缓作用也较强，林地土壤质地疏松，持水能力与透水性较强，加上不同树种的根系相互交错，分布较深，提高了土壤的孔隙度，加大了降水向深土壤的渗入量，因此减少了地表径流和表土的流失。

混交林可以较好地维持和提高生物多样性。由于混交林有类似于天然林的复杂结构，为多种生物创造了良好的繁衍、栖息和生存的条件，总体来说，林地的生物多样性得到了维持和提高。配置合理的混交林还可以增强森林的美学价值、游憩价值、保健功能等，使林分发挥更好的社会效益。

抗各种灾害的能力强。由多树种组成的混交林系统食物链较长，营养结构多样，有利于各种动物栖息和寄生性菌类繁殖，使众多的生物种类相互制约，因而可以控制病虫害的大量发生。

针阔混交林的林冠层次多，枝叶互相交错，根系较纯林更发达，深浅搭配，在干热季节林内温度低，湿度较大，所以抗风、抗雪和抗火能力较强。

提高造林成效。由于混交林树种之间的相互辅佐和防护作用，一些营造纯林生长差的树种通过混交能获得成功。樟树、楱树、红豆树、青冈栎等珍贵阔叶树种纯林，产量一般很低，而营造混交林能取得较好的造林效果。如杉木与檫树混交，不仅促进了杉木的生长，也使檫树生长良好，解决了檫树纯林病虫害多、树皮易溃疡、生长不良的问题。

混交林的局限性：与纯林相比，混交林也有一定的局限性。其一，造林技术复杂。混交林的造林技术比纯林的复杂，培育难度较大。混交林选择造林树种时不仅要做到地树相适，还要做到树种间关系协调；在出现种间矛盾后既要调节好种间矛盾，又要保持良好的混交状态，因此培育难度增大，特别是我国对培育混交林的科学研究和生产实践历史较短，对混交林树种间关系和林分形成规律等方面尚缺乏深入的认识。相比之下，营造纯林的技术相对比较简单，容易施工，在培育短轮伐期的速生人工林时这一优势更明显。其二，要求立地条件较高。在立地条件较差的造林地上，能良好生长的乔木树种本来就少，而在有限的树种中树种间关系协调的就更少，很难做到合理搭配树种。

2. 混交林的应用条件

一般在营造混交林时，应考虑下列具体条件。

（1）造林目的

生态公益林强调最大限度地发挥森林的防护作用和观赏价值，应营造混交林；用材林要求将木材收益与生态效益很好地结合起来，所以用材林只要条件允许应尽量多营造混交林；果用经济林要求树冠充分见光，一般不营造混交林（除非是短期混交）。

（2）立地条件

特殊的造林地，如沙荒地、盐碱地、水湿地、高寒山区或极端贫瘠的地方，只有少数树种能够适应，一般不适合营造混交林。

（3）树种特性

某些树种直干性强，生长稳定，天然整枝能力良好，单产高，甚至在稀植的条件下，这些优良特性也能表现得很突出，对于这类树种，可营造纯林，也可营造混交林；有些树种营造纯林时容易发生病虫害（如马尾松、檫树等），还有一些阔叶树种营造纯林时树木多分杈，干形较差，因此应营造混交林，特别应营造针、阔混交林。

（4）经营条件

集约经营人工林时，可通过人为的措施来干预林分的生长，故不宜多营造混交林；而在经营条件差的地区，则主要通过生物措施来促进林分的生长，如防止病虫害、防火、改善土壤、抑制杂草生长等，应多营造混交林。

（二）混交林营造技术

1. 混交类型

混交林中的树种，依其所起的作用可分为主要树种、伴生树种和灌木树种三类。

主要树种是培育的目的树种，根据林种的不同，或防护效能好，或经济价值高，或风景价值高。它在混交林中一般数量最多，种类有时是 1 个或 2~3 个，是林分中的优势树种。

伴生树种是在一定时期与主要树种相伴而生，并为其生长创造有利条件的乔木树种。它是次要树种，在数量上一般不占优势，主要起辅佐、护土和改良土壤等作用，同时也能配合主要树种实现林分的培育目的。

灌木树种是在一定时期与主要树种生长在一起，并为其生长创造有利条件的灌木树种。它是次要树种，在林内的数量依立地条件的不同而异，一般立地条件差则灌木数量多，立地好则灌木数量少，主要作用是护土和改土，同时也能配合主要树种实现林分的培育目的。

2. 混交林的类型

混交林的类型指主要树种、伴生树种和灌木树种人为搭配而成的不同组合，主要有以下四种类型。

（1）主要树种与主要树种混合

又称"乔木混合类型"，它是指两种或两种以上的目的树种的混交。这种混交搭配组合可以充分利用地力，同时获得多种经济价值较高的木材，并发挥其他有益效能。种间矛盾出现的时间和激烈程度，随树种特性、生长特点等不同。当两个主要树种都是喜光树种时，种间矛盾出现得早而且尖锐，竞争进程发展迅速，调节比较困难，也容易丧失时机。营造此种混交林应采用带状或块状混交，适当加大株行距，并及时调节种间关系。当两个主要树种分别为喜光树种和耐阴树种时，多形成复层林，如喜光树种生长快，种间的有利关系持续时间长，矛盾出现得迟，且较缓和，一般只是到了人工林生长发育的后期，矛盾才有所激化，因而这种林分比较稳定，种间矛盾易于调节。但是，如果喜光树种生长速度慢，则会受到压抑。

（2）主要树种与伴生树种混交

又称"主伴混交类型"。这种树种搭配组合，林分的生产率较高，防护效能较好，稳定性较强，林相多为复层林。主要树种一般居第一林层，伴生树种位于其下，组成第二林层或次主林层；也有伴生树种居上层，主要树种居下层的，如杉木与檫树混交。此种混交类型种间关系比较缓和，即使随着年龄的增长种间矛盾变得尖锐时，也比较容易调节。

（3）主要树种与灌木树种混交

又称"乔灌混交类型"，目的是利用灌木树种起到保持水土和改良土壤的作用。这种树种搭配组合，树种种间关系缓和，林分稳定。混交初期，灌木树种可以给主要树种的生长创造各种有利条件；郁闭以后，因林冠下光照不足，耐阴性强的仍可继续生存，而当郁闭的林冠重新疏开时，灌木树种又可能在林内大量出现。主要树种与灌木树种之间的矛盾易于调节，在主要树种生长受到妨碍时，可对灌木树种进行平茬，使之重新萌发。这种混交类型多用于立地条件较差的地方，而且条件越差，越应适当增加灌木树种的数量。

（4）主要树种、伴生树种与灌木树种混交

可称为"综合性混交类型"，兼有上述三种混交类型的特点。这种混交类型可形成多林层的复层结构，防护效益好，多用于防护林。

3. 选择混交树种

混交树种泛指伴随主要树种生长的所有树种，包括与主要树种混交的另一个主要树种、伴生树种和灌木树种。混交树种选择是营造混交林的关键，应遵循生态要求和生长特点与主要树种协调一致的原则。

混交树种的选择条件：应与主要树种有不同的生态要求；充分利用天然成分（更新幼树、灌木等）；有较高的经济价值和生态、美学价值；具有良好的辅佐、护土和改土作用（选择时可侧重于某一方面），为主要树种生长创造良好的环境条件；具有较强的适应性、耐火性和抗病虫害性，不与主要树种有相同病虫害；最好萌芽力强，容易繁殖，以便于调整和伐后恢复。

4. 确定合理的混交比例

混交林中各树种所占的百分比称为混交比例。混交比例直接关系到种间关系的发展趋向、林木生长状况，以及混交效果、经济效益、生态效益、社会效益的发挥。在营造混交林时，应确定合理的混交比例，使混交林后期各阶段的组成符合造林的要求，这样才能使三方面效益兼顾，既取得较高的经济效益，又获得较高的生态效益和社会效益。

在确定混交比例时，要考虑到未来混交林的发展趋势，保证主要树种始终处于优势。为此，主要树种的比例要大，因为个体数量是竞争的基础之一。对于竞争力强的树种，在不降低林分产量的前提下，可适当缩小混交比例。如以杉木、马尾松为主要树种的混交林较适合的混交比例有 7∶3、4∶1、3∶2。

5. 选择适当的混交方法

混交方法是指混交林中各树种在造林地上的排列形式。同一比例的混交林，可以采用不同的混交方法。混交方法由于影响到种间关系，因此是很重要的混交林营造技术手段。

（1）星状混交

一个树种的植株分散地与其他树种的大量植株栽种在一起，或栽植成行内隔株（或多株）的一个树种与栽植成行状、带状的其他树种依次配置的混交方法。

这种混交方法既能满足喜光树种扩展树冠的要求，又能为其他树种创造适度庇荫的生长条件和改良土壤，种间关系比较融洽，经常可以获得较好的混交效果。

（2）株间混交

株间混交又称"行内混交""隔株混交"，是在同一种植行内隔株种植两个或两个以上树种的混交方法。株间混交时，不同树种间开始出现互相影响的时间较早，如树种搭配适当，能较快地产生辅佐等作用，种间关系以有利作用为主；若树种搭配不当，种间矛盾就比较尖锐，种间关系难调节。

（3）行间混交

行间混交又称"隔行混交"，是一个树种的单行与其他树种的单行依次种植的混交方法。

采用这种混交方法时，树种间有利或有害作用一般多在人工林郁闭以后才明显出现。种间关系比株间混交容易调节，施工也较简便，是一种常用的混交方法。

（4）带状混交

一个树种连续种植两行以上构成的"带"，与其他树种构成的"带"依次种植的混交方法。带状混交的各树种的种间关系最先出现在相邻两带的边行，带内各行种间的关系则出现得较迟。带状混交的种间关系容易调节，栽植、管理也都比较方便。带状混交不同树种种植带的行数可以相同，也可以不同。

（5）行带混交

一个树种连续种植两行以上构成的"带"，与其他树种的种植行依次种植的混交方法。这是一种介于带状混交和行间混交之间的过渡类型。它的优点是保证主要树种的优势，削弱伴生树种（或次要树种）过强的竞争能力。

（6）块状混交

块状混交又称"团状混交"，是将一个树种栽成一小片，再将另一个树种栽成一小片，依次配置的混交方法，一般分为规则的块状混交和不规则的块状混交两种。

规则的块状混交，是将平坦或坡面整齐的造林地划分为正方形或长方形的块状地，在相邻的地块上栽种不同的树种。块状地的面积原则上不小于成熟林中每株林木占有的平均营养面积，一般其边长可为5~10米。

不规则的块状混交，是将山地按小地形的变化，在不同的地形部位分别成块栽植不同树种。这样既可以使不同树种混交，又能够因地制宜地安排造林树种，更好地做到适地适树。

块状混交可以有效地利用种内和种间的有利关系，种间关系融洽，混交的作用较明显，造林施工比较方便。

（7）植生组混交

种植点混状配置时，在一小块地上密集种植同一个树种，与相距较远密集种植另一个树种的小块状地依次配置的混交方法。采用这种混交方法时，块状地内同一个树种具有群状配置的优点，块状地间距较大，种间相互作用出现得很迟，且种间关系容易调节，但造林施工比较麻烦。

6. 控制造林时间

混交林营造和抚育成功的关键，是处理好种间关系，使主要树种始终多受益，少受害。因此，其培育过程中的主要技术措施都要围绕这个中心进行。慎重地选好主要树种、伴生树种及灌木树种，采取适宜的混交类型和方法，造林时通过控制造林时间、造林方法、苗木年龄、株行距等来调节种间关系。对于竞争力强的树种，可推迟造林或采用苗龄小的苗木造林，甚至采用播种造林，都可取得明显的效益。生长速度相差过于悬殊的树种，或耐阴性显著不同的树种，采用相隔时间或长或短的分期造林方法，通常可以收到良好的造林效果。如栽植柠檬桉、窿缘桉等喜光、速生树种时，可以先以较稀的密度造林，待其形成林冠，能够遮蔽地面时再栽植红锥、樟树、木荷等耐阴树种，使得这些树种得到适当庇荫，并居于林冠下层。

7. 抚育调节种间关系

通过以上控制调节，在相当长的时间内可使种间关系维持相互有利的状态。但是随着年龄的增长，种间及个体之间的竞争将加剧，耐阴树种也有可能超过喜光树种而居于上层，影响混交林的稳定性和混交效果。因此，栽植后除了与纯林一样加强常规抚育管理之外，还要根据具体情况，有针对性地进行抚育调节，在生长过程中，也可采用平茬、抚育伐、环剥等方法来抑制次要树种的生长，以保证主要树种的正常生长，使种间关系继续维持相互有利的状态，保证混交成功。

第四节 造林施工与苗木准备

一、造林地整理

（一）造林地清理

1. 造林地清理的概念

造林地的清理是指在翻耕土壤前，清除造林地上的灌木、杂草、杂木、竹类等植被，或采伐迹地上的枝丫、伐根、梢头、倒木等剩余物的一道工序。

造林地清理适用于杂草、灌木丛生，堆积有采伐剩余物，不进行林地清理无法整地或整地很困难的造林地。因此，在植被比较稀疏、低矮，或迹地上的剩余物数量不多，对土壤翻垦影响不大的情况下，清理可不单独进行，往往与土壤翻垦一并进行。

2. 造林地清理的方式

（1）全面清理

全面清理是在整块造林地上全部清除杂草、灌木和采伐剩余物的清理方式。全面清理的清理效果好，但用工量大，同时清除了造林地上的所有植被，使造林地失去了保护，易造成水土流失。

全面清理仅适用于有比较严重的病虫害的造林地、集约经营的商品林造林地，如速生丰产林。

（2）团块状清理

团块状清理是以种植点为中心呈块状地清理其周围植被或采伐剩余物的清理方式。清理团块一般为圆形，半径为 0.5 米。

团块状清理用工量小，成本低，但效果差，在生产上仅用于病虫害少，杂草、灌木稀疏的陡坡造林地或营造耐阴的树种。

（3）带状清理

带状清理是以种植行为中心呈带状地清理其两侧植被，并将采伐剩余物或被清除植被在保留带堆成条状的清理方式。带状清理能够产生良好的造林地清理效果，同时保留带的存在可以防止水土流失，保护幼苗幼树，提高造林成活率，有利于幼树的生长，在生产上应用广泛。

3. 造林地清理的方法

造林地清理的方法就是清理造林地时所使用的手段和措施。它可分为割除清理法、火烧清理法、堆积清理法和化学药剂清理法四种方法。

（1）割除清理法

割除清理法就是将造林地上的杂木、杂草、灌木、竹类等割除、砍倒并处理掉的造林地清理法。处理的方法是将割除的灌木、草本植物以及采伐剩余物进行烧除处理或堆积处理；对于有利用价值的小径木，则要运出利用；对于杂草、灌木，也可以运出用作薪柴或其他加工原料。割除的时间为春季或夏末秋初。

（2）火烧清理法

火烧清理法就是将被清除物焚烧的造林地清理方法。部分北方地区有火烧清理造林地的习惯。火烧清理一般分劈草和炼山两步进行。

（3）堆积清理法

堆积清理法就是将采伐剩余物和割除的杂草、灌木按照一定的方式堆积在造林地上任其腐烂和分解的清理方法。堆积清理法主要适用于需要人工更新的采伐迹地，但在采伐剩余物较多和病虫鼠害较严重的造林地上应慎用。堆积清理法按堆积方法的不同，可分为堆腐法、带腐法、散腐法。

（4）化学药剂清理法

化学药剂清理法就是采用化学药剂杀除杂草、灌木和杂木的清理方法。使用化学药剂时应注意选用适当的化学药剂种类、浓度、用量以及喷洒时间，以防止造成环境污染。

（二）造林地整地

1. 造林地整地的作用

造林地整地就是翻垦土壤，改善造林地条件的造林地整理工序，是造林前处理造林地的重要技术措施。造林地整地的主要作用有以下几个方面。

（1）改善立地条件

造林地整地可以改善林地土壤环境，清除地面的杂草等植被，使太阳光可以直接照射到地面，进而提高林内温度。造林地整地还可以使土壤变得疏松，空隙增大，以增加土壤的养分，一方面减少杂草、灌木等自然生长的植物对土壤中水分的消耗，另一方面枯死的杂草可以增加土壤中的有机质。

（2）增强水土保持效能

在水土流失严重的地区，整地是造林种草这一生物措施中的一个环节。通过把坡面整成一块块的平地、反坡或洼地，从而防止地表径流流量过大和流速过快，防止其过分汇聚，能够拦蓄地表径流，并分散积聚，使其能够渗入地下，增加土壤的含水量，以减少水土流失。

（3）提高造林成活率，促进幼林生长

立地条件的改善为幼林的生长提供了良好的环境，栽植的苗木较容易长出新根，提高了造林成活率。地温升高会延长林木的生长期，杂草、灌木和石块被清除，为林木根系的生长减小了阻力，有利于林木根系生长发育，促进幼林生长。

（4）减少杂草和病虫害

造林地整地清除了种植点周围的植被，可以减轻杂草、灌木与幼苗、幼树的竞争，减少其对土壤中水分和养分的消耗；造林地整地破坏了病虫赖以滋生的环境，减轻了病虫的危害。

（5）便于造林施工，提高造林质量

土壤经过深翻，人工栽植过程省力、省工。造林地经过认真清理和细致整地，可减少造林时的障碍，便于进行栽植和抚育管理，有利于加快造林施工进度。如整地达到规格要求，可以减少窝根和覆土不足现象，有利于提高造林质量。

2. 造林地整地的时间

按自然的季节变化确定的整地季节有春、夏、秋，因各地季节气候条件的变化，整地效果不同。

按整地时间与造林时间的关系确定的整地类型有：随整随造、提前整地。

（1）随整随造

随整随造也称"现整现造"，就是整地之后立即造林，甚至一边整地一边造林。因整地与造林的时间间隔较短或基本上没有间隔，整地的有利作用还没有来得及充分发挥，所以这种方式在一般情况下较少采用。在北方一些地区禁止随整随造。但在土壤深厚肥沃、植被盖度较小的新采伐迹地，以及风蚀比较轻的沙地或草原荒地，随整随造也能取得满意的造林效果。这主要是因为新采伐迹地立地条件优越，土壤的肥、水、热条件都有利于林木生长，如过早整地反而可能会造成水分散失，带来不利影响，沙地提前整地也增加了造成风蚀的可能性。

（2）提前整地

提前整地也称为"预整地"，就是较造林提前至少一个季节进行整地。提前整地有利于植物残体的腐烂分解，增加了土壤中的有机质，改善了土壤结构；有利于改善土壤中的水分状况，尤其是在干旱、半干旱地区提前整地，可以做到以土蓄水，以土保水；对提高造林成活率起到重要作用；便于安排农事。一般春季是主要的造林季节，也是各种农事活动集中的季节，提前整地可以错开这个大忙季节。

提前整地的提前量应适宜，一般为三个月左右。春季造林，可在前一年的夏季或秋季整地；雨季造林，可在前一年的秋季整地，没有春旱的地区也可以在当年春季整地；秋季造林，最好在当年春季整地。春季整地后，可以种植豆科作物，这样既可以避免杂草丛生，还能改善土壤条件，并增加一定的收入。

总之，整地季节和造林季节的配合既有生物学的问题，也有技术问题，在实施中需要根据具体情况确定。

3. 造林地整地的方式

造林地整地的方式可以分为全面整地和局部整地两种。

（1）全面整地

全面整地是翻垦造林地全部土壤的整地方式。这种整地方式可以彻底地清除造林地上的灌木、杂草和竹类，能显著地改善造林地的立地条件，便于实行机械化作业或进行林粮间作。此种方式费工多，投资大，易导致水土流失的发生，在施工中还会受到地形条件（如坡度）、环境状况（如石块、伐根、更新的幼树等）和经济条件的限制。

全面整地适用于地形平坦、开阔的造林地，如平原区的荒地、草原、无风蚀危险的固定沙滩地、盐碱地、丘陵土石山区的平整缓坡地、水平梯田等。

全面整地的限定条件是坡度、土壤的结构和母岩。在花岗岩、砂岩等母质上发育的质地疏松或植被稀疏的地方，一般应限定在坡度8°以下；在土壤质地比较黏重和植被覆盖较好的地方，一般坡度也不宜超过15°。

需要说明的是，无论是在南方还是在北方，全面整地都不宜集中连片。面积过大，坡面过长时，在山顶、山腰、山脚等位置应适当保留原有植被，保留植被一般应沿等高线呈带状分布。另外，在坡度较大而又需要实行全面整地的地方，全面整地必须与修筑水平阶相结合。

（2）局部整地

局部整地是翻垦造林地部分土壤的整地方式。局部整地包括带状整地和块状整地。

带状整地就是在造林地上呈长条状翻垦土壤，并在翻垦部分之间保留一定宽度的原有植被的整地方法。这种方法便于实行机械化作业，对立地条件的改善作用也较好，不会造成集中连片的土壤裸露，不易造成水土流失，且较省工。带状整地主要适用于无风蚀或风蚀较轻微的地区、伐根及其他障碍物较少的采伐迹地、坡度平缓或坡度虽大但坡面比较平整的山地和黄土高原、林中空地或林冠下的造林地。平原地区或平坦地区的带状整地多用机械化整地，在山地或采伐迹地的带状整地也有相应的机械设备，但目前使用得还不普遍。带状整地的具体方法有水平沟、水平阶、反坡梯田、环山水平带、犁沟、高垄等。

块状整地就是以种植点为中心呈块状翻垦土壤、整理地形的整地方法。块状整地灵活性大，较省工，成本低，引起水土流失的可能性小，但改善立地条件的作用也小，适用于各种立地条件，尤其是地形破碎、坡度较大的地段，以及岩石裸露但局部土层较厚的石质山地、伐根较多的采伐迹地、植被比较茂盛的山地等。块状整地还适宜于条件比较恶劣的地段，如风蚀较为严重的固定、半固定沙地，起伏较大的丘陵坡地、盐碱地，以及经营条件较差的边远地区的荒山荒地。山地应用的块状整地方法有穴状、块状和鱼鳞坑等，平原应用的块状整地方法有块状、坑状（凹穴状）、高台等。

二、苗木准备

（一）苗木种类、年龄及规格

1. 苗木种类

根据苗木的培育方式分为：实生苗，用种子繁殖的苗木；营养繁殖苗，用树木的营养器官繁殖而成的苗木。

按照苗木出圃时根系是否带土分为：裸根苗，根系裸露不带土，起苗容易，重量小，包装、运输、贮藏都比较方便，栽植省工，是目前生产上应用最广泛的一类苗木，但起苗时容易伤根，栽植后遇不良环境条件常影响成活率；带土坨苗，根系带有宿土，根系不裸露或基本不裸露的苗木，包括各种容器苗和一般带土苗。这类苗木能够保持完整的根系，栽植成活率高，但重量大，搬运费工，因而造林成本比较高。

按苗圃培育年限及移植情况分：移植苗，在苗圃中经过一次或多次移植栽培的苗木，多为大苗，根系发达，用移植苗造林见效快，营造农田防护林、四旁植树等多用移植苗；留床苗，从育苗到出圃始终生长在原播种地的苗木。

一般用材林用经过移植的裸根苗，速生丰产林可用带土坨苗，经济林多用嫁接苗，防护林多用裸根苗，四旁绿化和风景林多用移植的裸根苗或带土坨苗，针叶树苗木和困难的立地条件下造林用容器苗。

2. 苗木年龄及规格

苗圃培育的苗木要求达到一定的苗龄和规格才能出圃造林。苗木过小、过大都会影响成活率。苗木年龄小，适应性强，但抵抗力弱；苗木年龄大，抵抗力强，栽植后生长快，但适应性相对差。山地大面积造林多用1~2年生小苗，如速生树种杨树、泡桐等，常用1年生苗木；慢生树种和针叶树种多用2~3年生苗，如落叶松、油松为2年生，樟子松为2~3年生，云杉为3~4年生；营造速生丰产林和防护林常用2~3年生的移植苗，也可用3~4年生的移植大苗，这样造林后，苗木生长更快，发挥防护效益早；营造经济林可用3~4年生的嫁接苗；四旁绿化和风景林常用3~4年生以上的移植大苗。

（二）苗木保护和处理

1. 苗木保护

苗木保护的目的是保持苗木体内的水分平衡，提高植苗造林成活率。因此，从起苗到栽植的各个工序要尽量减少苗木失水，尽量缩短从起苗到造林的时间，保护好苗木根系，不让其受损伤和干燥，同时要防止其芽、茎、叶等受到机械损伤。要做到随起苗、随分级、随蘸泥浆（或浸水）、随包装、随运输、随假植、随栽植，避免风吹日晒，使苗木始终保持湿润状态。

2. 苗木处理

为了保持苗木体内的水分平衡，在栽植前须对苗木地上部分和地下部分进行适当处理。

（1）地上部分的处理

①截干

截干就是截去苗木大部分主干，仅栽植带有根系和部分苗干的苗木。截干是干旱、半干旱地区造林常用的重要技术措施之一。其目的在于减少苗木地上部分的水分蒸发，避免植株由于地上部分干枯而造成整个植株的死亡；在苗木质量较差的情况下，截干对提高苗木质量有一定的作用；苗干弯曲或受到损伤时，截干有助于培养干形。截干造林适用于萌芽能力强的树种，如杨树、刺槐、元宝枫、黄栌等，可将苗干截掉，使主干保留 5~15 厘米长，以减少造林后地上部分的水分散失。

②修枝和剪叶

对常绿阔叶树进行修枝剪叶，可减少地上部分蒸腾失水。

③喷洒蒸腾抑制剂

蒸腾抑制剂的作用是在茎叶表面形成一层薄膜，在不影响光合作用和不过高增加体表温度的前提下，阻止水分从气孔逸散。此类物质主要有叶面抑蒸保温剂、PVO 和京 2B 等，还有石蜡乳化剂、橡胶乳化剂、抑蒸剂等。也可通过喷洒化学药剂如有机酸（苹果酸、柠檬酸、脯氨酸、丙氨酸、反丁烯二酸）和 B9 等，无机类药剂如硝酸铵、磷酸二氢钾、氯化钾等，来减少水分蒸腾，增加束缚水含量，提高原生质黏滞性和弹性，增加苗木生活力及抗旱能力。

（2）地下部分的处理

①修根

修根就是剪除发育不正常的根、过长的根和起苗时受伤的根。修剪时剪口要平，以使剪口能迅速愈合，恢复吸水功能，同时也便于包装、运输和栽植。

②蘸泥浆

将吸湿性强的黏土附在根系表面，使根系在较长时间保持湿润，防止风干，达到保持苗木活力的目的。泥浆稀稠要适宜，过稀则不能挂在根系上，过稠则根系挂泥过多，会增加重量，还可能在根系形成泥壳，影响根系的生理活动，使苗木根系腐烂。一般苗木放入后能蘸上泥浆，以不黏团为宜。这种方法主要适用于针叶树裸根苗以及阔叶树、灌木小苗。

③水凝胶蘸根

利用吸水剂加适量水配置成水凝胶蘸根，可以促进根系的恢复和新根的萌发。这种方法具有保水效果好、重量轻、费用低等优点。另外，也可以用一定浓度的植物生长调节剂溶液蘸根。常用的植物生长调节剂有萘乙酸、吲哚乙酸、吲哚丁酸、赤霉素及其复合制剂等。植物生长调节剂处理苗木所用的浓度和时间因树种、药剂种类而定。

④浸水

造林前将苗木根系放在水中浸泡,增加苗木含水量。经过浸水的苗木,耐旱能力增强,发芽早,缓苗期短,有利于提高造林成活率。浸泡时间一般为1~2天,杨树要全株浸水2~4天,最好用流水或清水浸泡苗木根系。

⑤接种菌根菌

菌根菌是真菌与植物根系的共生体。菌根菌能扩大苗木根系的吸收面积,有利于苗木根系从土壤中吸水、吸肥,以提高苗木的抗逆性,如耐干旱、耐瘠薄、耐极端温度和耐盐碱度,抵抗有毒物质的污染,增强和诱导苗木产生抗病性,提高土壤的活性,改善土壤的理化性质。

第五节 造林与幼林抚育

一、播种造林

播种造林也称"直播造林",是把林木种子直接播种到造林地来培育森林的造林方法。

(一)播种造林的特点

第一,播种造林能使植株形成发育完全而匀称的根系,避免植苗造林时可能引起的根系损伤。

第二,播种造林的幼林可塑性强,易适应造林地的环境条件。

第三,播种造林有时比植苗造林省工,省经费。

第四,播种造林后,种子、幼苗易遭受鸟、兽、杂草的危害,因此要求较细致的抚育管理。

第五,种子消耗多,在缺种子地区其应用受到限制。

第六,造林环境条件要求较严格,干旱,寒冷,风大,杂草、灌木多的地方,造林不易成功。

(二)播种造林的适用条件

第一,土壤湿润疏松、立地条件较好的造林地。

第二,鸟兽害较轻的地区。

第三,具有大粒种子的树种(如橡树、栎树、板栗、核桃、山杏和文冠果等),或者发芽迅速、生长较快、适应性强的中小粒种子的树种（如油松、华山松、柠条、花棒等）。

第四，种子来源丰富，价格较低，幼苗生长快而且适应能力强的树种。

（三）播种前种子处理

1. 种子消毒

在病虫害比较严重的地区，特别是针叶树种子，在播种前可利用药剂进行拌种处理，或用药液进行浸种或闷种。

2. 浸种和催芽

春季播种时，对于深休眠种子、被迫休眠种子，要进行浸种和催芽处理。如果造林地比较干旱或晚霜、低温危害严重，则可不浸种、催芽，直接播种干种子。雨季一般播种干种子，但如能准确地掌握雨情，也可以先浸种再播种；秋季播种时则不宜进行催芽处理。

3. 种子包衣

种子包衣是指以精选种子为载体，应用手工或者机械途径在种子外面均匀包裹一层种衣剂。种衣剂包括杀虫剂、杀菌剂、微肥、植物生长调节剂、着色剂、填充剂、成膜剂等材料。包衣的种子种下后，种衣剂遇水吸胀，但几乎不溶解，而是在种子周围形成一个屏障，随着种子的萌动、发芽、成苗，其有效成分缓慢、有序地释放，并被根系所吸收，传导到幼苗各部分，使药、肥得到充分利用，以增强种子及幼苗对病菌和病虫害的抗性，达到节本增效的目的。种子包衣不仅可以防治病虫害，调控作物生长，从而提高产量，而且省种、省药、省工，减轻了环境污染，从而提高了效益。

（四）播种量确定

播种量根据树种的生物学特性、种子质量、立地条件和造林密度确定。种粒大、发芽率高、幼苗期抗逆性强的树种，播种量可小一些，反之则应大一些。水热条件好、整地细致、集约经营的造林地，播种量可小一些，反之则应大一些。

目前播种造林多用大粒种子或萌芽力强的中小粒种子，穴播作业。在生产上，核桃、核桃楸、板栗、三年桐等特大粒种子，每穴 2~3 粒；栎树、油茶、山桃、山杏、文冠果等大粒种子，每穴 3~4 粒；红松、华山松等中粒种子，每穴 4~6 粒；油松、马尾松、樟子松等小粒种子，每穴 10~20 粒；柠条、花棒等特小粒种子，每穴 20~30 粒。不同的播种方法，播种量不同。一般穴播的播种量比条播、撒播低。

（五）播种造林季节

播种季节和时间，不仅影响种子出苗率、出土时间和成苗数量，还关系到苗木木质化程度和抗旱越冬能力。根据造林地区的气候特点，特别是温度、降水条件、灾害性因子及土壤条件，并结合树种的生物学特性和造林技术要求，选定适宜的播种期，这是搞好播种造林工作的基础。就全国范围来说，四季都可以进行播种造林，但北方地区应把水分和低温作为确定播种期的首要条件。

春季播种。在湿润地区或水分条件好的高海拔、高纬度地带的山地或采伐迹地进行，适用于多种树种造林，播种时间最好在土壤水分条件较好的土壤解冻初期。

雨季播种（夏季播种）。春旱严重的地区，可利用多雨的夏季播种。这一时期气温高，降水多，水热同期，播种后种子发芽、出土快，播种时间可根据当地的气候特点来确定，一般可在雨季开始初期，即6月上旬至7月中旬为宜，适用于小粒种子，如松类、沙棘、柠条、花棒等。

秋季播种。适宜于大粒、硬壳、休眠期长、不耐贮藏的种子，如栎树、核桃、山杏、油茶、油桐、银杏、白蜡等都可以秋季播种。秋播种子在土壤内越冬具有催芽作用，翌春发芽早，生长快。

冬季播种。冬季北方地区天气严寒，土壤冻结，一般没有播种造林条件。

（六）播种方法

播种可分为穴播、条播、撒播、缝播。

1. 穴播

在植穴中均匀地播入数粒种子（大粒种子）至数十粒种子（小粒种子），然后覆土镇压，覆土厚度一般为种子短轴直径的2~3倍。

2. 条播

按一定行距开沟，将种子均匀地撒播在播种沟内，然后覆土镇压。

3. 撒播

将种子直接均匀地撒播在造林地上的造林方法，主要适用于地广人稀、劳动力缺乏、交通不便的大面积荒山荒地、沙漠和采伐迹地。全面撒播一般播前不整地，播后不覆土，因而比较粗放。

4. 缝播

缝播又称偷播，在鸟、兽害严重，植被覆盖度不太大的山坡上，选择灌丛附近或有杂草、石块掩护的地方，用锹或刀开缝，播入适量种子，踏实缝隙，地面不留痕迹。此法可避免种子被鸟、兽发现，同时又可借助灌丛、杂草庇护幼苗，防止风吹日晒，但不宜大面积应用。

（七）覆土厚度

覆土厚度对种子发芽、出土及保蓄水分的影响很大，往往是决定造林成败的关键。覆土厚度因种粒大小、播种季节，以及土壤质地和湿度的不同而不同。大粒种子覆土厚度为5~8厘米，中粒种子为2~5厘米，小粒种子为1~2厘米。一般覆土厚度是种子短轴直径的2~3倍。沙性土可厚一些，黏性土可薄一些；秋季播种宜厚，春季播种宜薄。播种要均匀，防止重播和漏播。

大粒种子出苗还与放置方式有关，如核桃、核桃楸等，种子的缝合线要与地面垂直，种尖朝向同一侧为最好；而栎类、板栗等则可以横放，使种子的缝合线与地面平行。

二、植苗造林

（一）植苗造林的特点

1. 植苗造林的优点

植苗造林是以苗木作为造林材料进行栽植的造林方法，又称"栽植造林"。植苗造林是目前人工造林的最主要形式，应用普遍，效果较好，与其他造林方法相比，有如下优点：初期生长快；节约种子；适用于多种立地条件；新技术发展应用快。如容器苗造林、吸水剂、浸水、草灌覆盖、覆膜、机械植苗、接种菌根菌等先进技术的应用，使植苗造林方法获得显著的效果。

2. 植苗造林的缺点

造林成本较高，根系容易遭受损伤。

（二）植苗造林的适用条件

植苗造林的应用几乎不受立地条件和造林树种的限制，尤其在下列情况下采用植苗造林更为可靠。

第一，干旱的盐碱地。

第二，干旱和水土流失严重的造林地。

第三，极易滋生杂草的造林地。

第四，容易发生冻拔害的造林地。

第五，鸟、兽害严重，播种造林受限制的地区。

第六，种子来源困难、价格昂贵的造林树种。

（三）植苗造林季节的选择

适宜的造林季节应该是温度适宜，土壤水分含量较高，空气相对湿度较大，符合树种的生物学特性，遭受自然灾害的可能性较小。

适宜的造林时机，从理论上讲应该是苗木的地上部分生理活动较弱（落叶、阔叶树种处在落叶期），而根系的生理活动较强，因而根系的愈合能力较强的阶段。

1. 春季造林

在土壤化冻后苗木发芽前的早春栽植，最符合大多数树种的生物学特性。因为在温度较低的早春，根系的生理活动旺盛，愈合能力较强，此时苗木的地上部分尚未解除休眠，生理活动较弱，对苗木成活有利。对于比较干旱的北方地区，初春土壤墒情相对较好，所以春季是适合大多数树种栽植造林的季节。但是，对于根系分生要求较高温度的个别树种（如臭椿、枣树等），可以稍晚一点栽植，避免苗木地上部分在发芽前蒸腾耗水过多。

2. 雨季造林

在春旱严重、雨季明显的地区，利用雨季造林切实可行，效果良好。雨季造林主要适用于若干针叶树种（特别是侧柏、柏木等）和常绿阔叶树种（如蓝桉等）。雨季高温高湿，树木生长旺盛，利于根系恢复。但是雨季苗木蒸发强度也大，加之天气变化无常，晴雨不定，会造成移植苗木根系难以恢复，影响成活。因此，造林成功的关键在于掌握雨情，一般在下过七场透雨之后，出现连阴天时为最好。

3. 秋季造林

进入秋季，气温逐渐降低，树木的地上部分生长减缓并逐步进入休眠状态，但是根系的生理活动依然旺盛，而且秋季土壤湿润，因此苗木的部分根系在栽植后的当年可以得到恢复，翌春发芽早，造林成活率高。秋季栽植的时机应在落叶树种落叶后。有些树种，例如泡桐，在秋季树叶尚未全部凋落时造林，也能取得良好效果。秋季栽植一定要注意苗木在冬季不受损伤。冬季风大、风多、风蚀严重的地区和冻拔害严重的黏重土壤不宜秋植。

4. 冬季造林

在冬季，苗木处于休眠状态，生理活动极其微弱。所以冬季造林实质上可以视为秋季造林的延续或春季造林的提前。

我国北方地区冬季严寒，土壤冻结，不能进行常规造林，但可以进行容器苗造林。

三、幼林抚育管理

（一）幼林地土壤管理

1. 松土除草

松土除草是幼林抚育最重要的一项工作。在松土的同时清除杂草，改善土壤的通气性、透水性和保水性；促进土壤微生物的活动，加速土壤有机物的分解和转化，从而提高土壤营养水平；清除与幼树竞争的各种植物，保证给予幼树成活和生长的空间，满足其对水分、养分和光照的需要，使其度过成活阶段并迅速进入旺盛生长期。

松土除草的持续年限应根据造林树种、立地条件、造林密度和经营强度等具体情况而定。一般情况下，应从造林后开始，连续进行到幼林全部郁闭为止，需要 3~5 年。在培育速生丰产林和经济林时，松土除草要长期进行，不以郁闭为限。

每年松土除草的次数，受造林地区的气候、立地条件、树种、幼林年龄和当地经济条件等因素的制约。通常造林的当年就要松土除草，第 1、2 年 2~3 次，第 3、4 年 1~2 次，第 5 年 1 次，以后视杂草和林木生长情况决定松土除草的次数。

一般在幼树高生长旺盛期来临前和杂草生长旺盛季节进行松土除草，以减少杂草和灌丛对水分、养分的争夺，促进幼树生长。

松土除草的方式依据整地方式和经济条件的不同而不同。在全面整地的情况下，可以进行全面翻土除草；有机械化条件的，行间可用机械中耕，松土除草；局部整地的幼林，采取人工松土除草，并逐步扩大松土范围。如采用块状、穴状整地的，通过 1~2 次扩穴连成水平带；原为带状整地的，可逐年扩带培土，以满足幼林对营养面积日益扩大的需要。

松土除草要做到"三不伤、二净、一培土"。"三不伤"即不伤根、不伤皮、不伤梢，"二净"即杂草除净、石块拣净，"一培土"是把疏松的土壤培到幼树根部。

松土除草的深度应根据幼林生长情况和土壤条件确定。造林初期浅，其后随着幼树年龄的增长而逐步加深；土壤质地黏重、表土板结或幼林长期失管，而根系再生能力又较强的树种，可适当深松；特别干旱的地方，可再深松一些。总之，松土除草要做到：里浅外深；坡地浅，平地深；树小浅，树大深；沙土浅，黏土深；土湿浅，土干深。

夏季酷热、冬季严寒的地区，夏、秋两季除草时，应在不影响幼树生长的前提下，根据杂草和灌丛生长的繁茂情况，适当保留一部分杂草和灌丛，为幼树遮阴或防寒；长期荒芜、杂草和灌丛较多的幼林地，以及耐阴树种、播种造林的针叶树幼林，应避免在干旱、炎热的季节除草，以免幼林暴晒死亡。

利用化学除草剂除草，具有简便、及时、有效期长、效果好、省劳力、成本低、便于机械化作业等优点。因此，在幼林抚育管理中，采用化学除草剂除草也是一种比较好的方法。使用化学除草剂时应特别注意人身安全。

2. 水分管理

灌溉是造林时和林木生长过程中人为补充林地土壤水分，提高造林成活率、保存率，促进幼林生长的有效措施。

灌溉有漫灌、畦灌、沟灌、喷灌、滴灌等方法。幼林灌溉可以采取量多次少的方法，以使湿润强度较大，延长灌水间隔期，减少灌溉次数。灌溉后要及时松土，以减少土壤水分蒸发，提高灌溉效益。

在多雨季节或湖区、低洼地造林，由于雨水过多或地下水位过高，往往会造成林地积水，可采用高垄、高台等降低水位的整地方法造林，同时在林地内修排水沟，多雨季节及时排除积水，增加土壤通气性，促进林木生长。

3. 林地施肥

林地施肥是集约经营森林的重要技术措施之一。林地施肥具有以下特点：

林木系多年生植物以施长效有机肥为主。用材林以长枝叶及木材为主，应施用以氮肥为主的完全肥料，幼林时适当增加磷肥，对分生组织的生长、营养器官的迅速扩大有很大作用。

林地土壤，尤其是针叶林下的土壤酸性较大，对钙质肥料的需要量较多。有些土壤缺乏某种微量元素，在施用氮、磷、钾的同时，配合施入少量的锌、硼、铜等，往往对林木的生长和结实极为有利。

幼林阶段林地杂草较多，施肥应与化学除草剂的施用结合起来比较好。

幼林的施肥方法有手工施肥、机械施肥和飞机施肥等。林木是多年生植物，栽培周期长，最好在采伐利用前能进行多次施肥。

施肥的时期应以 3 个时期为主，即造林前后、全面郁闭以后和主伐前数年。造林前可在整地时结合施基肥（撒施或穴施），直播造林时可使用肥料拌种或结合拌菌根土后播种，实生苗造林时可使用沾根肥。造林后多结合幼林抚育在松土后开沟施肥，但也可全面施肥。全面郁闭以后和主伐前可用人工、机械或飞机全面撒肥。施肥深度一般应使化肥或绿肥埋覆在地表以下 20~30 厘米或更深一些的地方。

4. 林农间作

林农间作又称"林粮间作"，是幼林郁闭前，利用幼林行间的间隙种植各种农作物，通过对间种农作物的中耕管理，抚育幼林，达到以耕代抚的目的。这不仅节省了幼林的抚育用工，降低了营林成本，增加了经济收入，还能够改良林地土壤，促进林木生长。因此，无论从生物学还是从经济收益等方面来看，林农间作都有重要的意义。

（1）间作植物的类型

林地土壤已熟化，间作植物可选择花生、豆类、油菜及药用草类植物。林地土壤尚未熟化，间作植物可选择绿肥、谷子、荞麦等。林地土壤较好的缓坡地，可以改成水平耕地，间作植物可选择各种农作物、绿肥等。

（2）实行轮作

在同一块林地上如果连年间作同一种农作物，土壤中的某些养分就会缺乏，造成农作物生长不良，且易引起病虫害，采取林地轮作农作物的方法可避免这些现象。轮作农作物的方法有两种：一是一年一轮作，如第一年种植药材、小麦，第二年种植大豆、绿肥，第三年种植花生、大麦、小麦等；二是一季一轮作，如春季种植豆科植物，秋季种植绿肥作物，第二年春季间种农作物前，把绿肥翻入土壤中作为基肥。

（3）掌握距离

林农间作是在幼林的行间进行的，要保持林木与间种农作物之间的距离，应以树木能得到上方光照而造成侧方庇荫的条件，且间种作物的根系不与幼树根系争夺水、肥为原则。一般在1~2年生幼林中，应距幼树根际30~50厘米间作比较合适。

（4）加强管理

林农间作要及时中耕除草、施肥、灌溉和防治病虫害。在间种农作物播、管、收的全过程中，应注意有利于幼树生长，防止对幼树的损伤，坚持做到农作物秸秆还地，以增加土壤有机质，促进林木生长。

（二）幼树管理

1. 间苗

播种造林或丛状植苗造林后，苗木密集成丛，幼林在全面郁闭之前，先达到簇内或穴内郁闭。随着个体的生长，对营养面积的要求不断增大，小群体内的个体开始分化，出现生长参差不齐的现象。因此，必须在造林后及时进行间苗。

间苗的时间、强度及次数，可根据立地条件、树种特性、小群体内植株个体生长情况以及密度确定。若立地条件好，树种生长速度快，小群体内植株个体分化早，密度大，可在造林的第2、第3年进行间苗；反之，可推迟到4~5年进行间苗。

生长迅速的树种林分，间苗强度宜大一些；生长中速的树种林分，间苗强度应稍小；生长缓慢的树种林分，间苗强度宜更小。在立地条件差的地方，林木保持群体状态更有利于抗御不良环境的影响，也可以不进行间苗。间苗一般为 1~2 次，特别是在小群体内植株数量较多时，不可一次全部间掉，以防环境发生急剧变化而影响保留植株的生存和生长。

2. 平茬

平茬是利用树种的萌芽能力，截去幼树的地上部分，使其重新萌生枝条，培养成优良树干的一项抚育措施。它适用于萌芽能力强的树种，如杨树、泡桐、檫树、刺槐、臭椿、桉树、樟树等。平茬不是必需的抚育措施，只是在造林后，幼树的地上部分由于某种原因（如机械损伤、冻害、旱害、病虫害、动物危害等）而不能成活或失去培养前途时才采取的复壮措施。

平茬应紧贴地面，不留树桩，工具要锋利，切口要平滑，平茬后及时覆土，防止茬口冻伤及损失水分。

平茬一般在幼林时期进行，灌木树种平茬的期限可适当延长。平茬时间以在树木休眠季节为宜，不要在晚春树木发芽后进行平茬，以免伤流量过多而感染病虫害；也不要在生长季节进行平茬，以防萌条组织不充实，越冬遭受寒害。

3. 除蘖

除蘖是除去萌蘖性很强的树种（如杉木、刺槐、杨树等）植株干基部的萌蘖条，以促进主干生长的一项抚育措施。

除蘖一般在造林后 1~2 年进行，但有时需要延续很长时间，反复进行多次，才能取得良好的效果。

4. 抹芽

抹芽是促进幼树生长，培育良好干形的一项抚育措施。当幼树的树干上萌发出来的嫩芽未木质化时，把幼树树干 2/3 以下的嫩芽抹掉，这样可防止树木养分分散，有利于幼树的高生长，同时还可以避免幼树过早修枝，既省工又可培育无节良材。

5. 修枝

修枝是通过人为的措施调整林木内部营养的重要手段。要达到合理修枝，必须注意以下几个方面的问题。

开始修枝的年限。树种不同，开始修枝的年限也不同。以用材林树种为例，一般生长较慢的阔叶树和针叶树，要在高生长旺盛时期后进行修枝；对于直干性强的树种，如杉木、落叶松、云杉、水曲柳等，在幼林郁闭前一般不宜修枝，当林分充分郁闭，林冠下出现枯枝时才开始修枝；对于主干不明显，目的在于利用干材的树种和一些速生阔叶树种，如泡桐、白榆、樟树、黄檗等，修枝要早一些，可以提早到造林后2~3年进行。

修枝的季节。修枝应该在晚秋和早春树木休眠期进行。但对于萌芽力强的树种，如刺槐、杨树、白榆、杉木等，也可在夏季生长旺盛期修枝，这时树木生长旺盛，伤口容易愈合，修枝后能抑制丛生枝的萌生。切忌在雨天或干热时期修枝，以防伤口渍水而感染病害或很快干燥而影响愈合。伤流严重的树种，如核桃等，应在果实采收后修枝。

修枝的强度。合理的修枝强度，应当以不破坏林地郁闭和不降低林木生长量为原则。幼树修枝主要是修去树冠下过多而密的分枝，改善林分的通风、透光条件，以集中养分，促进主干生长。树种相同，立地条件好，树龄大，树冠发育好，修枝可稍大，否则修枝宜小。

修枝的方法。小枝可用锋利的修枝剪或砍刀紧贴树干修剪或由下向上进行剃削，保证剪口和切口平滑，以利于伤口愈合；对于粗大的枝条，用手锯由下向上锯开下口，然后从上往下锯，避免撕破树皮或造成粗糙的切口和裂缝，影响树木生长。

第六节　营造林工程项目管理

一、造林检查验收

（一）造林质量检查验收

1. 施工作业检查

原则上要在每项造林施工作业（如造林地清理、整地、苗木出圃、播种或植苗造林、幼林抚育和补植等）完成后，都要进行检查，其中关键是整地及种植造林后的两次检查。检查工作可在自检、互检（如工队间）的基础上，由上级单位派专业人员会同当地技术人员进行检查。

检查要以调查设计、施工设计中的规定及相关技术规程要求为标准。

整地作业检查的主要内容。整地作业检查的主要内容是整地的规格和质量。在机械化全面整地时，主要检查翻地深度是否合乎设计要求，扣垡是否严密，翻后是否耙平耙细等。在局部整地，特别是在山地带状或块状整地时，主要检查整地的长、宽、深规格，包括地埂或垡沟的规格是否合乎设计要求，整地范围内的土壤是否松碎，石头、树根是否拣净，松土深度是否均匀一致（避免出现锅底形）等。

造林作业检查的主要内容。造林（播种或植苗）作业检查的主要内容是造林的面积和质量。

在造林面积不大时，可采用逐块造林地实测检查的方法；在造林面积较大时，可采用抽样实测抽查的方法，一般造林时可用地形图现场勾绘代替实测。抽查时要注意抽样的随机性，并保证抽样的可靠性。抽样实测面积与上报的造林面积之间的差距不能超过一定的界限（一般定为 1%~3%，工程造林从严要求），如超过此界限，应视为上报数字不实，需更改上报数字或采用其他补救办法。造林面积检查可在造林作业完成后进行，也可延至幼林成活率检查时结合进行。

造林质量检查应在造林作业完成后（甚至在造林施工过程中）立即进行，主要检查播种或栽植的质量。在播种造林时，重点检查播种量、播种深度（覆土厚度）、播种位置及间距等是否符合要求，种子质量的好坏及催芽程度如何，播种后覆盖情况及各项作业是否适时等；在植苗造林时，则要重点检查苗木质量（规格及保护情况）的好坏，栽植深度是否适宜，苗根是否舒展并踩（或挤）实，栽植位置及间距是否符合要求，栽植作业是否适时等。

2. 幼林检查验收

（1）成活率调查

对于新造幼林，经过一个完整的生长季后，要进行成活率调查。成活率调查必须遍及每一块造林地（小班），采用标准地或标准行的方法，随机或机械布点，抽查面积应不小于每个造林地块（小班）面积的 2%~5%（造林地 100 亩以下时为 5%，500 亩以上时为 2%）。植苗造林和播种造林时，每个种植点（穴）只要有 1 株以上（含 1 株）的苗木成活，即可作为成活点（穴）计数 [有时苗木虽仍活着，但从生长、色泽、硬度等方面看，估计有死去的可能，这样的种植点（穴）列为可疑，统计时只将可疑点（穴）数的 50% 算作成活率]。埋干造林时，长达 1 米的间段没有萌条，即算作 1 株死亡数。成活株（穴）数占检查总株（穴）数的百分比即为成活率。各级经营单位的平均造林成活率，要按各小班面积及成活率做加权平均。

经检查确定，造林成活率不足 40% 的小班，要从统计的新造幼林面积中注销，列入宜林地重新造林。造林成活率为 41%~84% 的小班，要求进行补植。补植应按原设计树种（特殊情况下也可另做专门安排）用大苗及时完成，以免引起幼林的早期分化。在调查成活率时，还要对苗木死亡和种子不萌发的原因进行调查统计分析，有多少是因为种苗质量不好，有多少是因为播种或栽植作业存在问题，有没有病、虫、兽害的干扰，不利气象因素的影响有多大，有没有人为因素（樵采、放牧、践踏等）危害等。

（2）保存率调查

一般幼林经 3 年左右的抚育管理，成活已经稳定，此时应再做调查。核实幼林保存面积及保存率，评价其生长状况，并提出今后应进一步采用的抚育管理措施。当幼林已达到规定的保存率及生长指标时，可做最后的复查验收，并拨付全部造林投资款或补助款。当幼林达到郁闭成林时可划归有林地，小班全部技术档案列入有林地资源档案。

3. 造林工程的竣工验收

对于大的、立项的或受合同约束的造林工程项目，在其全部工程完成以后，要履行竣工验收这个法定手续。

造林工程的竣工验收工作，由上级林业主管部门（下达任务单位）组织的由行政负责人及技术专家组成的验收工作组负责进行。竣工验收的标准是：第一，工程项目按合同规定和规划设计要求全部竣工完毕，达到国家规定的质量标准（平均株数保存率、面积保存率、林木生长指标、经济效益及生态效益的主要指标等）；第二，技术档案齐全，包括总体规划设计资料、作业设计资料、阶段性成果评价资料，以及在此基础上建立的完整的造林技术档案等。除此以外，工程完成的期限也是验收时评价工程的重要因素。

造林工程经验收工作组检查，如确认完全符合计划任务书及总体规划设计要求，验收合格，即可由工程执行单位向主管部门办理竣工手续。竣工验收意味着原来签订的工程合同终止，对于施工单位，即解除了在合同中承担的一切经济责任和法律责任。在验收过程中，如发现有些方面尚存缺陷，需要采用重造、补植、林分改造等措施来补救，可视情况及形成这些情况的原因（施工技术、指挥管理、不可预见的灾害等因素），或按期验收并指明情况，限期整改，或不予验收，暂缓办理竣工手续。

造林工程竣工验收后，人工林即进入正常的经营状态，由森林经营单位接收经营。对于所有已经郁闭的人工林及尚未郁闭的新造幼林，均需为之建立森林资源档案，纳入森林资源管理系统。

（二）检查验收程序

造林单位先行全面自查，上级林业主管部门组织复查和核查。

造林当年，以各级人民政府及其林业行政主管部门下达的造林计划和造林作业设计作为检查验收依据，县级负责组织全面自查，提出验收报告，报市（地）级林业行政主管部门，市（地）级林业行政主管部门审核后，报省级林业行政主管部门。

在县级上报验收报告的基础上，市（地）级林业行政主管部门严格按照造林检查验收的有关规定组织抽样复查，省级林业行政主管部门根据实际需要组织抽样复查或组织工程专项检查，汇总报国务院林业行政主管部门。

根据省级上报的验收报告、统计上报的年度造林完成面积,国务院林业行政主管部门组织对造林进行核(检)查,纳入全国人工造林、更新实绩核查体系中,并将核(检)查结果通报全国。

(三)检查验收方法与内容

采取随机、机械、分层抽样等方法进行抽样,被抽中的小班,以作业设计文件、验收卡等技术档案为依据,按照造林质量标准,实地检查核对、统计评价。

国家级核查比例实行县、省两级指标控制的办法,即以县为基本单元,核查县的数量比例不低于10%,所抽中县的抽查面积不低于上报面积的5%;以省为单位计算,抽查面积不低于上报面积的1%。省(市)级检查,在保证检查精准度的原则下,由各地根据实际情况自行确定。

检查验收内容包括作业设计、苗木标准、造林面积、建档情况、混交类型以及"五证"等。具体考核指标为作业设计率、苗木合格率、面积核实率、成活率、面积合格率、抚育率、管护率、混交率、保存率、建档率、检查验收率,以及生长情况、病虫危害情况、森林保护和配套设施施工情况等。

二、营造林工程项目管理与监理

(一)工程造林

工程造林是指把普通的植树造林纳入国家的基本建设规划中,运用现代的科学管理方法和先进的造林技术,按国家的基本建设程序进行植树造林,即工程造林=国家基建程序+现代管理方法+先进造林技术。工程造林是伴随着社会的进步、现代科学技术的发展和林业的发展战略需要而产生并逐步扩大形成体系的。

(二)招标管理

林业生态工程项目实行招标投标制,这是适应市场经济规律的一种竞争方式,也是与国际惯例接轨的措施,主要包括项目前期的规划设计,主要设备、材料的供应,工程监理,重点工程的施工等方面。

(三)营造林工程项目监理

营造林工程项目监理,就是指在营造林工程项目建设中设置专门机构,指定具有一定资质的监理执行者,依据营造林行政法规和技术标准,运用法律、经济或技术手段,对营造工程项目建设参与者的行为和他们的责、权、利进行必要的约束与协调,保证营造林工程项目建设有序、顺利地进行，达到营造林工程项目建设的目的，并能取得最大投资效益、最佳工程质量的一项专门性工作。我们把执行这种职能的专门机构称为监理单位。

工程监理是指监理单位受项目法人的委托，依据国家批准的工程项目文件，有关工程项目建设的法律、法规和工程项目建设监理合同及其他工程项目建设合同，对工程项目建设实施的监督管理。

第六章 林业工程的管理技术

第一节 主伐更新与封山育林管理

一、森林主伐更新的概念

培育森林的目的在于获取木材、林副产品和发挥森林的多种功能。当森林达到成熟年龄以后，林木的生长速度和质量将逐渐降低，防护作用也趋于减弱，此时应将老林砍伐利用并培育出生长率更高的新林分。

森林主伐更新是指当森林达到成熟时，对成熟林木进行采伐利用的同时，培育新一代幼林的全部过程。在生产实践中，常把这一过程分为两个部分：一是为获取木材而对用材林中成熟林分和过熟林分或部分成熟林木所进行的采伐作业，称为"森林主伐"；二是森林采伐后，通过天然或人工方法，使新一代森林重新形成的过程，称为"森林更新"。森林主伐的目的，一是为了取得木材，满足国民经济各部门的需求；二是为了改善森林的各种有益效能，如水源涵养、保土防蚀等。森林达到成熟年龄以后，木材的生长量和质量均下降，森林的防护效能也开始减弱，这时就需要通过主伐取得木材加以利用或通过主伐改善森林的防护效能，实际上这两者是密不可分的。因为对成熟林木进行采伐利用时，为了扩大再生产，达到永续利用的目的，必须培育新一代幼林。采伐利用成熟林木，是森林更新的一个组成部分。采伐必须更新，更新需要采伐，两者密切相关。所以"主伐"与"更新"可理解为同义语，因此常将二者合称为"森林主伐更新"。

二、森林主伐更新的方式

（一）森林主伐的方式

森林主伐常采取不同的方式。所谓主伐方式，就是在要进行采伐的森林地段内，根据森林更新的要求配置伐区，并在规定的期限内进行采伐的方法和过程。所谓伐区，就是同一年度内用相同采伐方法进行采伐作业，在地域上相连的森林地段，指具体的采伐小班。森林主伐最常用的方式有三种：皆伐、渐伐和择伐。

（二）森林更新的方式

根据更新与采伐成熟林木的先后顺序，可将森林更新分为伐前更新和伐后更新两种。伐前更新是在林冠下进行更新，是指林下幼树达到一定年龄、一定数量后才伐尽全部成熟林木；伐后更新是指伐尽全部成熟林木后，在采伐迹地上进行更新。

根据人为参与更新的程度，可将森林更新分为人工更新、天然更新、人工促进天然更新。一般为了提高森林更新的质量和缩短更新期，应多采用人工更新；在能保证森林天然更新能获得成功的林分时，可采用天然更新，以便充分利用自然力，节省成本；当采用天然更新，由于受自然力的限制而难以获得满意的幼林时，必须进行人工促进天然更新，进行补播、补植、整地松土、除去竞争植物等。

（三）森林主伐更新的方式

森林主伐更新方式是指在预定采伐的地段上，根据森林更新的要求，按照一定的方式配置伐区，并在规定的期限内进行采伐和更新的整个过程。更新方式决定着主伐的形式和内容，这是人类在掌握了天然更新规律的基础上，作为定向控制的管理过程而提出来的积极措施。主伐方式根据更新方式的不同，基本上可归纳为三种类型。

一是皆伐更新（伐后更新）。一次性采伐全部成熟林木，采取天然更新或人工更新。更新发生在森林采伐后的迹地上。

二是择伐更新（伐前更新）。单株或群状伐去已成熟的林木，林地上仍保留一定数量的林木。更新在林冠下进行，在全部成熟林木采伐完以前更新已经完成。

三是渐伐更新（伐中更新）。在较长时间内分若干次伐去伐区的林木，利用保留木下种并为幼苗提供遮阴条件。林木全部采伐完后，林地也完成更新。更新伴随着采伐且发生在采伐过程中。

在选择更新方式时，应当按照优先发展人工更新，按照人工更新、人工促进天然更新、天然更新相结合的原则，务必使更新与采伐紧密结合，做到更新跟上采伐，采伐更新同时考虑。在采伐后的当年或者次年内必须完成更新造林任务。伐前更新做到采伐完成熟林木后，新一代幼林已经形成。

在更新质量上，对于人工更新，树种选择要适地适树，合乎经营要求，当年成活率应当不低于85%，3年后保存率应当不低于80%；对于天然更新，每公顷要均匀保留目的树种幼树3000株以上，或幼苗6000株以上，更新均匀度不低于60%；对于人工促进天然更新，补植、补播后的成活率和保存率达到人工更新的标准，天然下种前整地的，达到天然更新的标准。

三、封山育林

（一）封山育林的概念

封山育林是对具有天然下种或萌蘖能力的疏林、无立木林地（分为采伐迹地、火烧迹地等）、宜林地、灌丛地实施封禁，保护植物的自然繁衍生长，并辅以人工促进手段，促使其恢复形成森林或灌草植被；以及对低质、低效的有林地、灌木林地进行封禁，并辅以人工促进经营改造措施，提高森林质量的一项技术措施。

（二）封育方式

1. 全封

全封即死封，是一种较长期性的育林形式，做法是在封育期内禁止采伐、砍柴、放牧、割草和其他一切不利于林木生长繁育的人为活动。全封的封育期可根据郁闭成林的情况和所需年限加以确定。

全封适用于边远山区、江河上游、水库集水区、水土流失严重地区、风沙危害特别严重地区及恢复植被较困难的地区。

2. 半封

半封是在林木生长季节实施封禁，其他季节在严格保护目的树种幼苗、幼树的前提下，有计划、有组织地砍柴、割草。半封分为季节性封和活封两种。季节性封是在封育期内，在不影响森林植被恢复的前提下，在一定季节（一般在冬季休眠期）让群众有计划、有组织地进行樵牧和开展多种经营管理，并坚持只准砍柴、割草，务必保护目的树种的原则；活封就是只封禁目的树种，不封禁非目的树种，注意保护幼苗、幼树。

半封一般适用于有一定目的树种、生长良好、林木覆盖率较大的封育区，适用于封育用材林。

3. 轮封

轮封是根据群众生产需要，把具备封山育林条件的整个封育区划分片段，轮流封育；在不影响育林要求和水土保持的前提下，再逐段定期开放，实行轮放。

（三）封育年限

树种天然更新和成林年限与更新方式和不同树种幼苗、幼树的生长速度密切相关。一一般萌芽更新只需1~2个生长季即可，而以天然下种为主的更新方式，则常需要3个以上的结实大年。成林年限不但与针阔叶树种有关，而且与速生、中生和慢生树种有关，并和林地的自然条件有关，一般以林分在合理密度下达到郁闭，且能生产出小材小料为准。根据封育区所在地域的封育条件和封育目的确定封育年限。

（四）封育区规划

在林业发展规划、土地利用规划及森林经营方案的基础上，结合已有资料或调查资料，进行封山育林规划。规划内容主要包括封育范围、封育条件、经营目的、封育方式、封育年限、封育措施及封育成效预测等。规划成果报请上级林业主管部门或所在县人民政府审批后，作为封山育林作业设计的依据。

（五）封山育林组织管理

第一，封山育林规划设计文件应根据每个项目的不同管理要求，由经营单位或经营者向地方林业主管部门逐次汇总报批后执行。工程项目按工程管理程序进行，一般项目可根据实际需要从简。

第二，以封育区的经营单位或经营者为主实施封育，鼓励多种形式组织联合封育。

第三，封育期间，经营单位或经营者应定期观测封育效果，根据观测情况按有关程序报批后及时调整封育措施。

第四，封育期满后，各级林业主管部门及时负责检查及成效调查验收。

（六）封禁措施

1. 警示

封育单位应明文规定封育制度并采取适当措施进行公示。同时，在封育区周界明显处，如主要山口、沟口、交通路口等应设立坚固的标牌，标明工程名称、封区范围、面积、年限、方式、措施、责任人等内容。封育面积在100公顷以上的，至少应设立1块固定标牌，人烟稀少的区域可相对减少。

2. 人工巡护

根据封禁范围和人、畜危害程度，设置管护机构和专职或兼职护林员，每个护林员管护面积根据当地社会、经济和自然条件确定，一般为100~300公顷。

3. 设置围栏

在牲畜活动频繁地区，可设置机械围栏、围壕（沟），或栽植乔木、灌木，设置生物围栏，进行围封。

4. 设置界桩

封育区无明显边界或无区分标志物时，可设置界桩以示界线。

（七）人工辅助育林

1. 无林地和疏林地育林

（1）人工促进天然更新

对封育区内的乔木、灌木有较强的天然下种能力，但因灌草覆盖度较大而影响种子触地的地块，可进行带状或块状除草、破土整地，或有计划、有组织地炼山整地；对于有萌蘖能力的乔木、灌木幼树、母树，可根据需要进行平茬或断根复壮，以增强萌蘖能力。

（2）补植或补播

对于封育区内自然繁育能力不足或幼苗、幼树分布不均匀的间隙地块，应按封育目的、要求进行补植或补播。

（3）对于特殊封育区

如沙地封育区，可在风沙活动强烈的流动沙地（丘）采取沙障固沙等措施来促进封育；对于干旱的封育区，在有条件的情况下可开展引洪灌溉抚育，促进母树和幼树、幼苗生长。

在封育年限内，根据当地条件，对符合封育目标或价值较高的乔木、灌木树种，可重点采取除草松土、除蘖、间苗、抗旱等培育措施。

2. 有林地和灌木林地育林

对于封育区树木株数少、郁闭度和盖度低、分布不均匀的小班，采取林冠下、林中空地补植补播的人工促进方法来育林；对于树种组成单一和结构层次简单的小班，采取点状、团状疏伐的方法，促进林下幼苗、幼树生长，逐渐形成异龄复层结构的林分。

3. 目的树种定向培育

在封育期间，对部分珍稀树种和经营价值较高的树种，可重点采取除草松土、除蘖、间苗、抗旱、扶正等培育措施，以促其生长；在非目的树种有碍封育目的时，可以采取间伐等措施，以促进目的树种生长。

（八）灾害防除

在封育年限内，按照"预防为主、因害设防、综合治理"的原则，实施火、病、虫、鼠等灾害的防治措施，避免环境污染、破坏生物多样性，做好相应的预测、预防工作。

第二节　森林抚育间伐管理

抚育间伐具有双重意义，它既是培育森林的措施，又是获得部分木材的手段，但其重点是抚育森林。抚育间伐是过程式的重复采伐，与森林主伐有着本质的区别。抚育间伐有全面抚育、带状抚育、团状抚育三种方法，这些方法将在本项目中分别加以阐述。

一、抚育间伐的概念及种类

抚育间伐又称"抚育采伐"，指在未成熟林中根据林分生长发育特点、自然稀疏规律及森林培育目标，适时伐除部分林木，调整树种组成和林分密度，改善环境条件，促进保留木生长的一种营林措施。抚育间伐是森林抚育中的一项核心工作。在一般情况下，中幼龄森林结构的调整、森林质量的提高、森林能够正常发挥各种效益，主要靠抚育间伐。世界上一些林业发达的国家很重视抚育间伐，他们采用的抚育间伐的种类与方法往往是根据自己国家森林的情况而定的。各国对抚育间伐的种类与方法所用的名称有的一样，有的不一样，同一方法在内容上有的相似，有的有差别，但总体上的抚育间伐目标基本一致。

"森林抚育"是幼林郁闭到进入成熟前，围绕培育目标所采取的营林措施的总称，森林抚育仅针对幼龄林开展，近熟林以封育为主。关于抚育间伐的种类，删去了疏伐的概念，中龄林统一采用生长伐方式。调整后的抚育间伐种类有透光伐、生长伐、卫生伐。

（一）透光伐

在林分的幼龄阶段、开始郁闭后进行的抚育间伐。间密留匀，留优去劣，调整林分组成，为保留木留出适宜的营养空间。

（二）生长伐

在中龄林阶段进行的抚育间伐。伐除生长过密、生长不良和影响目标树种发育的林木，进一步调整树种组成与林分密度，加速保留木生长，缩短工艺成熟期，提高林分质量和经济效益。

（三）卫生伐

只在遭受自然灾害的森林中进行，选择性地伐除已被危害、丧失培育前途的林木。

同时，《森林抚育规程》为适应林业工作性质的发展变化，强调了森林生态功能的发挥，增加了生物多样性保护的有关规定，如提出在森林抚育中要注意保护野生植物、动物，保留鸟巢或人工鸟巢周围的林木，保护野生动物栖息地，保留林地内珍稀树种和国家、地方重点保护野生植物。

二、抚育间伐的任务、作用、目的

从幼林开始郁闭到近熟林时期是林分生长的主要时期，这个过程有时会很长，这期间抚育间伐是森林培育的主要方式。根据森林起源、树种组成、树种特性，可将森林分为天然林、人工林，混交林、纯林、针叶林、阔叶林、针阔混交林等；根据生长时间的长短，森林可分为幼龄林、中龄林、近熟林、成熟林。在森林需要抚育间伐的生长时期，不同林分、不同种类的抚育间伐的作用、任务有些是相同的，有些是不同的，但目的基本相同。

（一）任务

1. 调整林分密度

所有种类的抚育间伐及每一次的抚育间伐，均有调整林分密度的作用。随着林分年龄的增长，每棵树木正常生长所要求的营养面积会逐渐增加，接近郁闭时树木之间就开始争夺营养空间。如果不抚育间伐，让其自由竞争，一是林木个体正常的生长速度受到抑制，造成树木个体都长不大；二是经过竞争会出现林木分化、自然稀疏等现象，造成无效消耗及林分培养目标失去控制。及时抚育间伐可避免上述两种情况的出现。通过调整密度，伐去部分生长劣势的林木或非目的林木，扩大生长良好的林木及目的林木的营养空间，并且使林分分布趋于均匀，以促进保留木和林分正常、健康地生长。之后的每次抚育间伐均有调整林分密度的作用。

2. 调整林分组成

混交林内的树种，根据经营目的可分为目的树种、非目的树种或主要树种、次要树种。天然混交林树种组成比较杂乱，人工混交林随着年龄的增长，林分组成也会出现杂乱。部分混交林树种的存在对目的树种、主要树种在某些生长阶段有促进作用，但是数量必须合理。有些杂乱树种只会抑制目的树种、主要树种的生长。通过抚育间伐，调整林分组成，逐次清除对目的树种、主要树种生长造成不良影响的非目的树种、次要树种及杂乱树种，保持林内目的树种、主要树种的合理比例及优势，使林分向着符合经营要求的方向发展。

（二）作用

1. 提高林分质量

自然发展的林分，随着年龄的增长，会有数量不少的林木在自然稀疏中死掉。林分自然稀疏盲目性很大，枯死的未必都是非目的树种、次要树种或劣质林木，保留的也并不都是优质的目的树种或主要树种。通过抚育间伐，按经营目的和要求，有选择性地用人工稀疏，取代无目的的自然稀疏，可实现去劣留优、去次留主，提高林分质量。劣质林木指双权、伤损、多梢、弯曲、多节、偏冠、尖削度大的林木，生长落后的林木指生长孱弱、低矮、细高、枯梢、枯黄、枝叶稀疏的林木。

2. 缩短林分成熟年龄

林分成熟分为三种：一是数量成熟，即树木或林分的材积生长量达到最大时的状态，这时的年龄称为"数量成熟龄"，在此年龄主伐，能保证在单位时间、单位面积上获得最高的木材产量；二是工艺成熟，又称为"利用成熟"，即树木或林分的目的树种平均生长量达到最大时的状态，这时的年龄称为"工艺成熟龄"，与数量成熟相比，工艺成熟不仅考虑木材数量的多少，还要考虑符合一定长度、粗度和质量的材种（如矿柱材、建筑材等）规格；三是经济成熟，即树木或林分生长达到经济收益最高时的状态，这时的年龄称为"经济成熟龄"。根据不同的经营目的，对林分实行抚育间伐，伐除劣质的、非目的的、次要的树木，使林分密度始终较均匀合理，使保留木生长所需的营养面积能得到保证，各个阶段能正常生长或加速生长，促进林分提早成熟。

（三）目的

1. 实现早期利用

抚育间伐可以伐掉在自然稀疏过程中行将死亡的林木，使经营单位提前获得一部分中、小径材，薪材，实现早期利用。合理的抚育间伐不仅不降低主伐量，还可收获相当于主伐蓄积量30%~50%的间伐材，从而提高木材总利用量，以达到以林养林、以短养长、长短结合的森林经营效果。

2. 发挥森林多种效能

森林的多种效能受林分组成、层次、密度等结构特征的影响，特别受生长状况的制约。通过抚育间伐，对结构加以合理的调节，使林分、林木能健康、苗壮地生长，增加、改善、保证森林多种效能的发挥。主要表现在伐除了枯死木、濒死木、感染病虫害木，这样不仅减少了森林病虫害的发生，同时也调整了密度，使林间空隙有所增加，保留木因营养空间得到扩大而生长健壮，增加了林木对雪压、雪折、风害的抗性。下层林木是地面火转为树冠火的中间过渡，将其间伐掉，可减少森林火灾，主要是树冠火发生的可能性。适当的间伐，增加了林下透光度，使枯落物分解加快，土壤微生物得以繁殖，土壤养分条件得以改善，林下植物层有了较好的生长条件，这些不仅对保留木生长有利，也有利于生物多样性保护，使林分涵养水源、景观生态、净化空气等作用得到加强。

三、抚育间伐的理论依据

（一）林木自然稀疏规律

林分内的林木由于个体遗传性以及所处环境的不同，在生长一段时间后会引起分化，林木分化到一定程度就会导致一部分生长落后的林木衰亡，这个过程称为"自然稀疏"。自然稀疏是由于林分内的个体竞争有限的营养面积而引起的。立地条件好、起始密度大的林分，自然稀疏开始早，强度大。

抚育间伐就是按照自然稀疏规律，在森林生长发育过程中，根据目标树生长对营养面积的要求，适时地采伐部分林木，以人工稀疏取代自然稀疏，减少无效的自然竞争消耗，促使保留木健康、加速生长。

（二）树种竞争规律

在混交林特别是天然混交林的生长过程中，树种竞争情况比较普遍、激烈。一种情况是在树种互相排斥的竞争过程中，通常是质量较差、生长较快的次要树种占据优势，质量较好、生长较慢的树种常有被排挤掉的危险；另一种情况是比较耐阴、价值比较高的树种在林冠下生长时，受到上层喜光的次要树种林冠的压抑，常常生长不良。在自然状态下改变这种状况，要靠森林演替，时间较漫长。通过抚育间伐，采伐掉部分次要树种，在前一种情况下，可以保证质量好的树种免受排挤而占据优势地位；在后一种情况下，通过采伐部分上层林木，可以使质量好的主要树种提前获得良好的生长发育条件，从而保证林分按经营目标方向发展。

（三）叶量与林木生长的关系

叶子光合作用制造的有机物是树木生长的主要营养，在一定数量范围内，叶子越多，林分生长越快。据研究，当林分充分郁闭后，叶量就不随林木密度和林龄而变化，即充分郁闭的林分，尽管林龄增长，林木密度变化，林分内的叶子总量几乎是不变的。若林分郁闭后密度不变，林木年龄再增长，平均单木叶量仍保持不变，有机物的生产量也保持不变，这样在树高不断增长的情况下，年轮增长就变得越来越慢，势必延长工艺成熟龄。

对林分实施合理的抚育间伐，减少单位面积上的株数，使保留木树冠得以扩张。当林分恢复郁闭时，林分的总叶量与采伐前大致相同，而保留木的单株叶量却有较大的增加，使其生长速度加快，因而可缩短林木培育期。

第三节　精细化林地管理

一、林地的概念

土地是由土壤、地貌、岩石、植被、气候和水文等因素所组成的自然综合体。林业用地（简称林地）是用来或将要用来进行林业生产的土地。它是开展林业生产活动的物质基础，是森林资源的重要组成部分，是森林资源管理的主要内容。依照《中华人民共和国森林法》（以下简称《森林法》）、《中华人民共和国森林法实施条例》（以下简称《森林法实施条例》）的规定，林地是森林资源不可分割的重要组成部分，必须加强管理。林地管理的主要目的是严格控制林地面积的减少，防止滥用林地现象的发生。

二、林地管理的概念、意义、内容和任务

（一）林地管理的概念

林地管理是国家用来维护林业土地所有制形式，调整林地关系，合理组织林地利用，以及贯彻和执行国家在林地开发、利用、改造和保护等方面的决策而采取法律、行政、经济和工程技术的综合性措施。

（二）林地管理的意义

第一，维护林地所有制形式。我国林地管理是国家用以制止或约束对社会主义林地公有制的各种侵犯行为，保护林地所有者和使用者的合法权益，稳定现行林地利用方式的一项重要的措施或手段。

第二，调整林地关系。调整林地关系指对林地所有权和使用权等权益的确定与变更关系的协调和管理，必须一方面依靠国家法律，另一方面运用一定的技术，在土地空间上确定其数量、质量及相关的位置。故调整林地关系既是法律措施又是技术措施。

第三，合理组织林地利用。合理组织林地利用是林地管理的核心。要按自然和经济的客观规律，科学地确定各项用地结构及其空间位置。它不仅与工程技术有关，而且同切实发挥林地的经济效益、生态效益及社会效益密切联系。

第四，贯彻和执行国家在林地开发、利用、改造和保护等方面的决策或政策。这需要通过林地立法、组织林地利用等管理措施来实现。

（三）林地管理的内容

林地调查、林地登记、林地统计和林地评价；林地利用规划、林地开发和改造管理；征用及占用林地管理；林地保护和使用监督管理；林地法治建设与管理；林地税费政策管理。

（四）林地管理的任务

维护已确立的林地所有制形式，保护林地所有者和使用者的合法权益。

组织和协调林地资源调查，掌握林地数量、质量及其变化情况，建立林地地籍档案，为合理经营、利用林地提供客观依据。

组织编制和实施林地利用规划，加强林地利用的保护、管理与监督，提高林地利用率和生产力。

按照《森林法》《中华人民共和国土地管理法》规定，以及国家有关林地征用和占用管理的相关法规、政策，做好林地征用或占用的审核（审批），控制林地的开发利用，消除乱征滥占林地的行为。

三、占用及征用林地管理

（一）占用及征用林地的概念及特征

1. 占用林地

占用林地是指全民所有制单位因勘察设计、修筑工程设施或开采矿藏的需要，使用其他全民所有制单位依法使用的全民所有的林地。在实际工作中，集体所有制单位或个人，使用全民所有制或集体所有制的林地，也称"占用林地"，只不过占用林地的法律意义不同。其特征是林地的所有权不改变，即权属仍归国家（全民）或原权属单位；林地的使用权发生了改变，即只要林地依法占用，则原来的使用单位就丧失了使用权，使用权转变归占用林地的单位或个人。

2. 征用林地

征用林地是指全民所有制单位因勘察设计、修筑工程设施或开采矿藏等需要，依法使用集体所有或个人使用的林地。其特征是林地所有权改变，原为集体所有的林地被征用以后，林地所有权归国家所有，即全民所有；林地的使用权也发生了改变，林地使用权归征用林地的单位享有，不再归原集体单位或个人。

（二）占用及征用林地的审批程序

我国每年工程建设、开采矿藏等占用林地的数量较大，是造成现有林地减少的重要原因之一。为了促使不用或少用林地，法律规定了严格的使用林地审批制度。进行勘查、开采矿藏和各项建设工程，需要占用或者征用林地的，必须依法按程序审批。占用或征用林地的办理手续基本上是相同的。占用或征用林地须经过以下审批程序。

1. 受理用地单位提出的占用、征用林地申请

用地单位需要占用、征用林地或者需要临时占用林地的，应当向县级人民政府林业主管部门提出占用或者征用林地申请；需要占用或者临时占用国务院确定的国家所有的重点林区（以下简称重点林区）的林地，应当向国务院林业主管部门或者其委托的单位提出占用林地申请。

（1）提出申请的依据

上级林业主管部门批准的计划任务书或设计文件。

国务院林业主管部门或者县级以上人民政府按照国家基本建设程序批准的设计任务书或其他批准的文件。

被占用或者被征用林地单位和个人的权属证明。

占用或征用林地的地点、面积、四至范围的说明及有关资料。

当地林业主管部门规定应当提交的其他有关文件。

（2）申请内容

申请内容包括标题、称呼（即接受申请的土地管理机关）、正文（写明申请的目的、理由、依据）、结尾（一般写请予批准的内容），最后署名并注明申请日期，署名以后必须加盖单位公章。

（3）占用或征用林地的协议

占用或征用林地单位在提出申请之前应与被占用或被征用林地单位就占用、征用林地问题达成协议，并在提出申请时将协议书附上。协议一般应包括如下内容。

①标题。

②当事人，即占用或征用林地的单位与被占用或被征用林地的单位（正文中可简称甲、乙方）；中证人，一般是公证机关或各自的上级主管部门（可称丙方）。

③签订协议的目的和原因及占用或征用林地的依据。

④正文（即协议的具体内容），主要有占用或征用林地的地点、面积、时间、林木处理、补偿事宜及其他双方协议的事项等。

⑤结尾，写明协议的份数，由谁执行，生效时间（一般注明协议经占用或征用林地申

请批准后生效），并由签订协议的双方（或三方）和签办人署名、盖章，注明签订协议的时间。

如有说明事项还应加注，或附图和附表。

用地单位申请占用、征用林地或者临时占用林地，应当填写《使用林地申请表》，同时提供下列材料：征用或者占用林地建设单位的法人证明；项目批准文件；被占用或者被征用林地的权属证明材料；有资质的设计单位做出的项目使用林地可行性报告；与被占用或者被征用林地的单位签订的林地、林木补偿费和安置补助费协议（临时占用林地安置补助费除外）。

一个建设项目应当占用或征用的林地，应根据有关文件的规定一次申请批准，不得化整为零。分期建设的项目，应分期办理占用或征用林地手续，不得先占用或先征用。修建铁路、公路和输油、输水等管线建设项目需占用或征用林地的，可分段提出申请，办理手续。

2. 现场查验

国务院林业主管部门委托的单位和县级人民政府林业主管部门在受理用地单位提交的用地申请后，应派出有资质的人员（不少于2人），进行用地现场查验，并填写《使用林地现场查验表》。

3. 审核

第一，占用或者征用防护林或者特种用途林林地面积10公顷以上的，用材林林地、经济林林地、薪炭林林地及其采伐迹地面积35公顷以上的，其他林地面积70公顷以上的，由国务院林业主管部门审核；占用或者征用林地面积低于上述规定数量的，由省（区、市）人民政府林业主管部门审核；占用或征用国务院确定的国家所有的重点林区的林地的，由国务院林业主管部门审批。目前，重点林区是指东北、内蒙古国有林区的国家重点森工企业的施业区。

第二，需要临时占用林地的，应当经县级以上人民政府林业主管部门批准。临时占用林地的期限不得超过2年，并不得在临时占用的林地上修筑永久性建筑物；占用期满后，用地单位必须恢复林业生产条件。临时占用单位要提出占用原因、依据；被占用林地单位和个人的权属证明；占用林地的地点、面积、四至范围的说明及有关资料等。经林业行政主管部门审核同意后，用地单位与林业主管部门签订临时用地协议书，并按规定支付林地损失补偿费。经批准交纳费用后，到申请的林业主管部门办理临时占用林地手续。临时占用防护林或者特种用途林林地面积5公顷以上，其他林地面积20公顷以上的，由国务院林业主管部门审批；临时占用防护林或者特种用途林林地面积5公顷以下，其他林地面积

10 公顷以上 20 公顷以下的，由省（区、市）人民政府林业主管部门审批；临时占用除防护林和特种用途林以外的其他林地面积 2 公顷以上 10 公顷以下的，由设区的市和自治州人民政府林业主管部门审批；临时占用除防护林和特种用途林以外的其他林地面积 2 公顷以下的，由县级人民政府林业主管部门审批。

第三，国有森林经营单位在所经营的林地范围内修筑直接为林业生产服务的工程设施需要占用林地的，由省（区、市）人民政府林业主管部门批准，其中国务院确定的国家所有的重点林区内国有森林经营单位需要占用林地的，由国务院林业主管部门或其委托的单位批准；其他森林经营单位在所经营的林地范围内修筑直接为林业生产服务的工程设施需要占用林地的，由县级人民政府林业主管部门批准。同意后即可按批准的面积、范围、项目、用途使用自身经营的林地。

直接为林业生产服务的工程设施是指：培育、生产种子、苗木的设施；贮存种子、苗木、木材的设施；集材道、运材道；林业科研、试验、示范基地；野生动植物保护、护林、森林病虫害防治、森林防火、木材检疫的设施；供水、供电、供热、供气、通信基础设施。

第四，占用国有林业生产、科研、教学用地，都必须征得省（区、市）林业主管部门的同意，报省（区、市）人民政府批准。

国务院林业主管部门委托的单位和县级以上地方人民政府林业主管部门对用地单位提出的申请，应在 15 个工作日内提出审核或者审批意见，并逐级在《使用林地申请表》上签署审查意见。经审核不予同意的，应当在《使用林地申请表》中明确记载不同意的理由，并将申请材料退还申请用地单位。各级主管部门要严格按批准权限办理，不得越权批准；未经批准，不得占（征）用林地。

4. 植被恢复费的收取

第一，为了确保我国的森林覆盖率不因工程建设等占用林地而下降，并按照"占一还一"的原则恢复森林植被，我国《森林法》《森林法实施条例》规定，凡依法被批准占用或征用林地的单位和个人，都必须依照国家的规定，向林业主管部门预缴植被恢复费。森林经营单位在其所经营的林地范围内修筑直接为林业生产服务的工程设施需要占用林地时，不需缴纳森林植被恢复费。

第二，县级以上人民政府林业主管部门按照规定预收了森林植被恢复费后，向用地单位发放《使用林地审核同意书》，并将签署意见的《使用林地申请表》等材料退给被占用、被征用林地所在地的林业主管部门或者国务院林业主管部门委托的单位存档。占用或者征用林地未被批准的，有关林业主管部门应当自接到不予批准通知之日起 7 日内将收取的森林植被恢复费如数退还。

第三，林业主管部门用收取的植被恢复费依照有关规定统一安排植树造林，恢复森林植被，植树造林面积不得少于因占用、征用林地而减少的森林植被面积。国务院林业主管部门委托的单位和县级人民政府林业主管部门对建设项目类型、林地地类、面积、权属、树种、林种和补偿标准进行初步审查同意后，应当在10个工作日内制定植树造林、恢复森林植被的措施。上级林业主管部门应当定期督促、检查下级林业主管部门组织植树造林、恢复森林植被的情况。森林植被恢复费专款专用，任何单位和个人不得挪用森林植被恢复费。县级以上人民政府审计机关应当加强对森林植被恢复费使用情况的监督。

5. 办理建设用地审批手续

第一，用地单位凭《使用林地审核同意书》，依照有关土地管理的法律、行政法规到土地管理部门办理建设用地审批手续。占用或者征用林地未经林业主管部门审核同意的，土地行政主管部门不得受理建设用地申请，用地单位不能直接向土地行政主管部门申请。临时占用或征用林地的，不需办理建设用地审批手续。森林经营单位在其所经营的林地范围内修筑直接为林业生产服务的工程设施需要占用林地时，不需办理建设用地审批手续。对用地单位需要临时占用林地的申请，或者对森林经营单位在所经营的林地范围内修筑直接为林业生产服务的工程设施需要占用林地的申请，县级以上人民政府林业主管部门按照规定予以批准的，应当用文件形式批准。

第二，农村居民按照规定标准修建自用住宅需要占用林地的，应当以行政村为单位编制规划，落实地块，按照年度向县级人民政府林业主管部门提出申请，经过县级人民政府林业主管部门依法审查，再逐级报省（区、市）人民政府林业主管部门审核同意后，由行政村依照有关土地管理的法律、法规办理用地审批手续。

6. 补偿办法

林地的经营者或使用者为了提高林地生产力，以最大限度地发挥林地的使用，往往投入一定的资金及劳力，所以占用或征用林地的单位要按规定向被占用或被征用林地单位缴纳林地补偿费、林木及其他地上附着物补偿费和安置补助费。因情况不同，补偿的范围、标准、办法也不同。一般可负责数额补偿、人员物资搬迁和人员安置等。具体补偿标准和补偿办法、数额通常由当事人依据有关规定协商解决，如经反复协商达不成一致意见的，可提交有关主管机关决定。

7. 林木处理

用地单位需要采伐已经批准占用或者征用的林地上的林木时，应当向林地所在地的县级以上地方人民政府林业主管部门或者国务院林业主管部门申请林木采伐许可证。经批准并办理采伐证后，按有关规定进行采伐，归堆交森林经营单位处理。因占用林地而采伐的林木应列入当地年森林采伐限额之内，其木材不做国家统一调拨，可由森林经营单位依据有关规定处理。

不属于法律上占用或征用林地性质，应按上级主管部门批准的文件执行，占用林地需砍林木时，应报县级以上地方人民政府林业主管部门批准，并办理采伐许可证，其获得的木材纳入年度木材生产计划。

省、自治区和直辖市人民政府林业主管部门应当在每年的第一季度，将上年度全省（区、市）占用、征用林地和临时占用林地，以及修筑直接为林业生产服务的工程设施占用林地的情况报告国务院林业主管部门。

四、林地利用规划管理

（一）林地利用规划管理的概念

合理组织林地利用是林地管理的核心内容。林地利用规划是由政府根据国家利益，按照国民经济和社会发展的需要，以及林地的自然特性和地域条件，对林地资源的开发、利用、整治和保护进行统筹安排，综合平衡和计划分配，以达到合理利用林地，提高林地生产力的目的。林地利用规划管理是为了合理利用和保护林地资源，维护林地利用的社会效益，组织编制和审批林地利用规划，并依据规划对林地利用进行控制、引导和监督的行政管理活动。

林地利用规划的基本内容包括编制林地利用总体规划、编制林地利用中期计划和年度计划、编制林地开发计划。

林地利用总体规划是一个多层次的规划体系，按行政区划为全国、省级和县级，它们既各自保持着自己的独立性，又相互联系。国家规划是在全国范围内论证林地利用的区域性布局，着重研究全国范围内的地域差异，为全省指出林业发展方向。省级规划是在国家规划范围内，安排全省林地利用布局，具有承上启下的作用。而县级规划是国家和省级规划的基础，是基层林业生产规划设计的依据。林地利用总体规划是在较长时间内，对林地资源的分配和开发、利用、整治、保护的统筹协调与安排的战略性规划。

林地利用中期计划和年度计划系指国家对林地资源开发利用做出部署和安排的中期计划与年度计划。通过它的编制，确定林业生产种类用地和其他计划指标，调整林地利用结构规模和速度，以期实现林地利用总体规划。同时研究制订实施用地计划的政策措施，保证计划顺利进行。

林地开发计划是国家土地开发的重要组成部分，需服从和服务于国家的整体土地开发规划、计划，如国家土地利用规划中"建设开发用地"涉及林地的部分。同时，行业本身又要扩大林地的有效利用范围，提高利用深度，以满足林业建设不断发展的需要，使一切可利用的林地全部获得合理利用，让林地生产力和利用率得到充分发挥。

林地利用规划管理是林地行政管理的重要组成部分，主体是国务院和地方各级林地管理部门，客体是林地利用规划以及与之相关的组织和个人的行为。涉及三方面的工作：第一，依法组织制定（包括编制和审批）林地利用规划；第二，按照经批准的林地利用规划控制并引导各项林地利用，即依法实施林地利用规划；第三，对林地利用规划实施情况进行监督检查。

（二）林地利用规划的内容

第一，分析林地保护、利用和开发的现状及存在的问题。

第二，分析林地利用和开发的潜力。

第三，确定林地保护、利用和开发的目标和任务。

第四，确定林地保护、利用和开发的规模、布局、项目等；分析评价林地保护、利用和开发的预期投资和效益。

第五，提出实施规划的保障措施。

（三）林地利用规划的原则

土地利用总体规划和林业持续发展长远规划相协调，林地利用规划由县级以上林业主管部门负责编制，报同级人民政府批准。

第一，保护、改善环境。

第二，经济效益、社会效益和生态效益相统一。

第三，提高林地利用效率。

第四，因地制宜、统筹安排。

第五，切实保护土地权利人合法权益。

第六，遵循依法行政、民主管理、集中统一管理、政务公平和经济效益原则。管理中可采用行政的、法治的、经济的和社会科技等方法。

第七章　现代林业的发展与实践

第一节　气候变化与现代林业

一、气候变化对林业的影响与适应性评估

气候变化会对森林和林业产生重要影响，特别是高纬度的寒温带森林，如改变森林结构、功能和生产力，特别是对退化的森林生态系统，在气候变化背景下的恢复和重建将面临严峻的挑战。气候变化下极端气候事件（高温、热浪、干旱、洪涝、飓风、霜冻等）发生的强度和频率增加，会增加森林火灾、病虫害等森林灾害发生的频率和强度，危及森林的安全，同时进一步增加陆地温室气体排放。

（一）气候变化对森林生态系统的影响

1. 森林物候

随着全球气候的变化，各种植物的发芽、展叶、开花、叶变色、落叶等生物学特性，以及初霜、终霜、结冰、消融、初雪、终雪等水文现象也发生改变。气候变暖使中高纬度北部地区20世纪后半叶以来的春季提前到来，而秋季则延迟到来，植物的生长期延长了近2个星期。20世纪80年代以来，中国东北、华北及长江下游地区春季平均温度上升，物候期提前；渭河平原及河南西部春季平均温度变化不明显，物候期也无明显变化趋势；西南地区东部、长江中游地区及华南地区春季平均温度下降，物候期推迟。

2. 森林生产力

气候变化后植物生长期延长，加上大气 CO_2 浓度升高形成的"施肥效应"，使得森林生态系统的生产力增加。气温升高使寒带或亚高山森林生态系统植被净初级生产力（NPP）增加，但同时也提高了分解速率，从而降低了森林生态系统净生态系统生产力（NEP）。

未来气候变化通过改变森林的地理位置分布、提高生长速率，尤其是大气 CO_2 浓度升高所带来的正面效益，从而增加全球范围内的森林生产力。未来全球气候变化后，中国森林 NPP 地理分布格局不会发生显著变化，但森林生产力和产量会呈现不同程度的增加。在热带、亚热带地区，森林生产力将增加 1%~2%，暖温带将增加 2% 左右，温带将增加 5%~6%，寒温带将增加 10%。尽管森林 NPP 可能会增加，但由于气候变化后病虫害的暴发和范围的扩大、森林火灾的频繁发生，森林固定生物量却不一定增加。

3. 森林的结构、组成和分布

过去数十年里，许多植物的分布都有向极地扩张的现象，而这很可能就是气温升高的结果。一些极地和苔原冻土带的植物都受到气候变化的影响，而且正在逐渐被树木和低矮灌木所取代。北半球一些山地生态系统的森林林线明显向更高海拔区域迁移。气候变化后的条件还有可能更适合于区域物种的入侵，从而导致森林生态系统的结构发生变化。在欧洲西北部、南美墨西哥等地区的森林，都发现有喜温植物入侵而原有物种逐步退化的现象。

受气候变化影响，在过去的几十年内，中国森林的分布也发生了较大变化。在气温升高的背景下，分布在大兴安岭的兴安落叶松和小兴安岭及东部山地的云杉、冷杉和红杉等树种的可能分布范围和最适分布范围均发生了北移。

未来气候有可能向暖湿变化，造成从南向北分布的各种类型森林带向北推进，水平分布范围扩展，山地森林垂直带谱向上移动。为了适应未来气温升高的变化，一些森林物种分布会向更高海拔的区域移动。但是气候变暖与森林分布范围的扩大并不同步，后者具有长达几十年的滞后期。未来中国东部森林带北移，温带常绿阔叶林面积扩大，较南的森林类型取代较北的森林类型，森林总面积增加。

4. 森林碳库

过去几十年大气 CO_2 浓度和气温升高导致森林生长期延长，加上氮沉降和营林措施的改变等因素，使森林年均固碳能力呈稳定增长趋势，森林固碳能力明显。气候变暖可能是促进森林生物量碳储量增长的主要因子。气候变化对全球陆地生态系统碳库的影响，会进一步对大气 CO_2 浓度水平产生压力。在大气 CO_2 浓度升高条件下，土壤有机碳库在短期内是增加的，整个土壤碳库储量会趋于饱和。

不过，森林碳储量净变化，是年间降水量、温度、扰动格局等变量因素综合干扰的结果。由于极端天气事件和其他扰动事件的不断增加，土壤有机碳库及其稳定性存在较大的不确定性。在气候变化条件下，气候变率也会随之增加，从而增大区域碳吸收的年间变率。

（二）气候变化对森林火灾的影响

生态系统对气候变暖的敏感度不同，气候变化对森林可燃物和林火动态有显著影响。气候变化引起了动植物种群变化和植被组成或树种分布区域的变化，从而影响林火发生频率和火烧强度，林火动态的变化又会促进动植物种群改变。火烧对植被的影响取决于火烧频率和强度，严重火烧能引起灌木或草地替代树木群落，引起生态系统结构和功能的显著变化。虽然目前林火探测和扑救技术明显提高，但伴随着区域明显增温，北方林年均火烧面积呈增加趋势。极端干旱事件常常引起森林火灾大爆发。火烧频率增加可能抑制树木更新，有利于耐火树种和植被类型的发展。

温度升高和降水模式改变将增加干旱区的火险，火烧频度加大。气候变化还影响人类的活动区域，并影响到火源的分布。林火管理有多种方式，但完全排除火烧的森林防火战略在降低火险方面相对作用不大。火烧的驱动力、生态系统生产力、可燃物积累和环境火险条件都受气候变化的影响。积极的火灾扑救促进碳沉降，特别是腐殖质层和土壤，这对全球的碳沉降是非常重要的。

气候变化将增加一些极端天气事件与灾害的发生频率和量级。未来气候变化特点是气温升高、极端天气/气候事件增加和气候变率增大。天气变暖会引起雷击和雷击火的发生次数增加，防火期将延长。在气候变化情景下，美国大部分地区季节性火险升高10%。气候变化会引起火循环周期缩短，火灾频度的增加导致了灌木占主导地位的景观。最近的一些研究是通过气候模式与森林火险预测模型的耦合，预测未来气候变化情景下的森林火险变化。

降水和其他因素共同影响干旱期延长和植被类型变化，因为对未来降水模式的变化了解有限，与气候变化和林火相关的研究还存在很大不确定性。气候变化可能导致火烧频率增加，特别是降水量不增加或减少的地区。降水量的普遍适度增加会带来生产力的增加，也有利于产生更多的易燃细小可燃物。变化的温度和极端天气事件将影响火发生频率和模式，北方林对气候变化最为敏感。火烧频率、大小、强度、季节性、类型和严重性影响森林组成和生产力。

（三）气候变化对森林病虫害的影响

气候变暖使我国森林植被和森林病虫害分布区系向北扩大，森林病虫害发生期提前，世代数增加，发生周期缩短，发生范围和危害程度加大。年平均温度，尤其是冬季温度的上升促进了森林病虫害的大发生。如油松毛虫已向北、向西水平扩展。

随着气候变暖，连续多年的暖冬，以及异常气温频繁出现，森林生态系统和生物相对均衡局面常发生变动，我国森林病虫害种类增多，种群变动频繁发生，周期相应缩短，发生危害面积一直居高不下。气温对病虫害的影响主要是在高纬度地区。同时气候变化也加重了病虫害的发生程度，一些次要的病虫或相对无害的昆虫相继成灾，促进了海拔较高地区的森林，尤其是人工林病虫害的大发生。

气候变化引起的极端气温天气逐渐增加，严重影响苗木生长和保存率，林木抗病能力下降，高海拔人工林表现得尤为明显，增加了森林病虫害突发成灾的频率。全球气候变化对森林病虫害发生的可能影响主要体现在以下几个方面。

(1) 使病虫害发育速度增加，繁殖代数增加；

(2) 改变病虫害的分布和危害范围，使病虫害越冬带北移，越冬基地增加，迁飞范围增加，对分布范围广的种群影响较小；

(3) 使外来入侵的病虫害更容易建立种群；

(4) 昆虫的行为发生变化；

(5) 改变寄主—害虫—天敌之间的相互关系；

(6) 导致森林植被分布格局改变，使一些气候带边缘的树种生长力和抗性减弱，导致病虫害发生。

(四) 气候变化对林业区划的影响

林业区划是促进林业发展和合理布局的一项重要基础性工作。林业生产的主体——森林受外界自然条件的制约，特别是气候、地貌、水文、土壤等自然条件对森林生长具有决定性意义。由于不同地区具有不同的自然环境条件，导致森林分布具有明显的地域差异性。林业区划的任务是根据林业分布的地域差异，划分林业的适宜区。其中以自然条件的异同为划分林业区界的基本依据。中国全国林业区划以气候带、大地貌单元和森林植被类型或大树种为主要标志；省级林业区划以地貌、水热条件和大林种为主要标志；县级林业区划以代表性林种和树种为主要标志。

未来气候增暖后，中国温度带的界线北移，寒温带的大部分地区可能达到中温带温度状况，中温带面积的1/2可能达到暖温带温度状况，暖温带的绝大部分地区可能达到北亚热带温度状况，而北亚热带则可能达到中亚热带温度状况，中亚热带可能达到南亚热带温度状况，南亚热带可能达到边缘热带温度状况，边缘热带的大部分地区可能达到中热带温度状况，中热带的海南岛南端可能达到赤道带温度状况。

未来气候变化可能导致中国森林植被带北移，尤其是落叶针叶林的面积减少很大，甚至可能移出中国境内；温带落叶阔叶林面积扩大，较南的森林类型取代较北的类型；华北地区和东北辽河流域未来可能草原化；西部的沙漠和草原可能略有退缩，将被草原和灌丛所取代；高寒草甸的分布可能略有缩小，将被热带稀树草原和常绿针叶林所取代。

二、林业减缓气候变化的作用

森林作为陆地生态系统的主体，以其巨大的生物量储存着大量的碳，是陆地上最大的碳贮库和最经济的吸碳器。树木主要由碳水化合物组成，树木生物体中的碳含量约占其干重（生物量）的50%。树木的生长过程就是通过光合作用，从大气中吸收 CO_2，将 CO_2 转化为碳水化合物贮存在森林生物量中。因此，森林生长对大气中 CO_2 的吸收（固碳作用）能为减缓全球变暖的速率作出贡献。同时森林破坏是大气 CO_2 的重要排放源，保护森林植被是全球温室气体减排的重要措施之一。林业生物质能源作为"零排放"能源，大力发展林业生物质能源，从而减少化石燃料燃烧，是减少温室气体排放的重要措施。

（一）维持陆地生态系统碳库

森林作为陆地生态系统的主体，以其巨大的生物量储存着大量的碳，森林植物中的碳含量约占其干重生物量的50%。全球森林的碳储量约占全球植被碳储量的77%。可见，森林生态系统是陆地生态系统中最大的碳库，其增加或减少都将对大气 CO_2 产生重要影响。

（二）增加大气 CO_2 吸收汇

森林植物在其生长过程中通过同化作用，吸收大气中的 CO_2，将其固定在森林生物量中。

在自然状态下，随着森林的生长和成熟，森林吸收 CO_2 的能力降低，同时森林自养和异养呼吸增加，使森林生态系统与大气的净碳交换逐渐减小，系统趋于碳平衡状态，或生态系统碳贮量趋于饱和状态，如一些热带和寒温带的原始林。但达到饱和状态无疑是一个十分漫长的过程，可能需要上百年甚至更长的时间。即便如此，仍可通过增加森林面积来增强陆地碳贮存。森林被自然或人为扰动后，其平衡将被打破，并向新的平衡方向发展，达到新平衡所需的时间取决于目前的碳储量水平、潜在碳贮量和植被与土壤碳累积速率。对于可持续管理的森林，成熟森林被采伐后可以通过再生长达到原来的碳贮量，而收获的木材或木产品一方面可以作为工业或能源的代用品，从而减少工业或能源部门的温室气体源排放；另一方面，耐用木产品可以长期保存，部分可以永久保存，从而减缓大气 CO_2 浓度的升高。

增强碳吸收汇的林业活动包括造林、再造林、退化生态系统恢复、建立农林复合系统、加强森林可持续管理以提高林地生产力等能够增加陆地植被和土壤碳贮量的措施。通过造林、再造林和森林管理活动来增强碳吸收汇已得到国际社会广泛认同，并允许发达国家使用这些活动产生的碳汇抵消其承诺的温室气体减限排指标。造林碳吸收因造林树种、立地条件和管理措施而异。

由于中国大规模的造林和再造林活动，到 2050 年，中国森林年净碳吸收能力将会大幅度地增加。

（三）增强碳替代

碳替代措施包括以耐用木质林产品替代能源密集型材料、生物能源（如能源人工林）、采伐剩余物的回收利用（如用作燃料）。由于水泥、钢材、塑料、砖瓦等属于能源密集型材料，且生产这些材料消耗的能源以化石燃料为主，而化石燃料是不可再生的。如果以耐用木质林产品替代这些材料，不但可增加陆地碳贮存，还可减少生产这些材料的过程中化石燃料燃烧引起的温室气体排放。虽然部分木质林产品中的碳最终将通过分解作用返回大气，但由于森林的可再生特性，森林的再生长可将这部分碳吸收回来，避免由于化石燃料燃烧引起的净碳排放。

同样，与化石燃料燃烧不同，生物质燃料燃烧不会产生向大气的净 CO_2 排放，因为生物质燃料燃烧排放的 CO_2 可通过植物的重新生长从大气中吸收回来，而化石燃料的燃烧则产生向大气的净碳排放，因此用生物能源替代化石燃料可降低人类活动碳排放量。

第二节　荒漠化防治与现代林业

一、我国的荒漠化及防治现状

中国是世界上荒漠化和沙化面积大、分布广、危害重的国家之一，荒漠化不仅造成生态环境恶化和自然灾害，直接破坏人类的生存空间，而且造成巨大的经济损失，全国每年因荒漠化造成的直接经济损失高达几百亿元，严重的土地荒漠化、沙化威胁我国生态安全和经济社会的可持续发展，威胁中华民族的生存和发展。

中国在防治荒漠化和沙化方面取得了显著的成就。

我国荒漠化防治所取得的成绩是初步的和阶段性的。治理形成的植被刚进入恢复阶段，一年生草本植物比例还较大，植物群落的稳定性还比较差，生态状况还很脆弱，植物群落恢复到稳定状态还需要较长时间。沙化土地治理难度越来越大。沙区边治理边破坏的现象相当突出。全球气候变化对我国荒漠化产生重要影响，我国未来荒漠化生物气候类型区的面积仍会以相当大的比例扩展，区域内的干旱化程度也会进一步加剧。

二、我国荒漠化治理分区

我国地域辽阔，生态系统类型多样，社会经济状况差异大，根据实际情况，将全国荒漠化地区划分为五个典型治理区域。

（一）风沙灾害综合防治区

本区包括东北西部、华北北部及西北大部干旱、半干旱地区。这一地区沙化土地面积大。由于自然条件恶劣，干旱多风，植被稀少，草地沙化严重，生态环境十分脆弱；农村燃料、饲料、肥料、木料缺乏，严重影响当地人民的生产和生活。生态环境建设的主攻方向是：在沙漠边缘地区、沙化草原、农牧交错带、沙化耕地、条件较好的沙地及其他沙化土地，采取综合措施，保护和增加沙区林草植被，控制荒漠化扩大趋势。以三北风沙线为主干，以大中城市、厂矿、工程项目周围为重点，因地制宜兴修各种水利设施，推广旱作节水技术，禁止毁林毁草开荒，采取植物固沙、沙障固沙等各种有效措施，减轻风沙危害。对于沙化草原、农牧交错带、沙化耕地、条件较好的沙地及其他沙化土地，通过封沙育林育草、飞播造林种草、人工造林种草、退耕还林还草等措施，进行积极治理。因地制宜，积极发展沙产业。鉴于中国沙化土地分布的多样性和广泛性，可细分为三个亚区。

1. 干旱沙漠边缘及绿洲治理类型区

该区主体位于贺兰山以西，祁连山和阿尔金山、昆仑山以北，其行政范围包括新疆大部、内蒙古西部及甘肃河西走廊等地区。区内分布有塔克拉玛干、古尔班通古特、库姆塔格、巴丹吉林、腾格里、乌兰布和、库布齐七大沙漠。本区干旱少雨，风大沙多，植被稀少，年降水量多在200毫米以下，沙漠浩瀚，戈壁广布，生态环境极为脆弱，天然植被破坏后难以恢复，人工植被必须在灌溉条件下才有可能成活。依水分布的小面积绿洲是人民赖以生存、发展的场所。目前存在的主要问题是沙漠扩展剧烈，绿洲受到流沙的严重威胁；过牧、樵采、乱垦、挖掘，使天然荒漠植被大量减少；不合理的开发利用水资源，挤占了生态用水，导致天然植被衰退死亡，绿洲萎缩。本区以保护和拯救现有天然荒漠植被和绿洲、遏制沙漠侵袭为重点。具体措施：将不具备治理条件和具有特殊生态保护价值的不宜开发利用的连片沙化土地划为封禁保护区；合理调节河流上下游用水，保证生态用水；在沙漠前沿建设乔灌草合理配置的防风阻沙林带，在绿洲外围建立综合防护体系。

2. 半干旱沙地治理类型区

该区位于贺兰山以东、长城沿线以北，以及东北平原西部地区，区内分布有浑善达克、呼伦贝尔、科尔沁和毛乌素四大沙地，其行政范围包括北京、天津、内蒙古、河北、山西、辽宁、吉林、黑龙江、陕西和宁夏十省（自治区、直辖市）。本区是影响华北及东北地区沙尘天气的沙源尘源区之一。干旱多风，植被稀疏，但地表和地下水资源相对丰富，年降水量在300~400毫米，沿中蒙边界年降水量在200毫米以下。本区天然植被与人工植被均可在自然降水条件下生长和恢复。目前存在的主要问题是过牧、过垦、过樵现象十分突出，植被衰败，草场退化、沙化发生发展活跃。本区以保护、恢复林草植被，减少地表扬沙起尘为重点。具体措施：牧区推行划区轮牧、休牧、围栏禁牧、舍饲圈养，同时沙化严重区实行生态移民，农牧交错区在搞好草畜平衡的同时，通过封沙育林育草、飞播造林（草）、退耕还林还草和水利基本建设等措施，建设乔灌草相结合的防风阻沙林带，治理沙化土地，遏制风沙危害。

3. 亚温润沙地治理类型区

该区主要包括太行山以东、燕山以南、淮河以北的黄淮海平原地区，沙化土地主要由河流改道或河流泛滥形成，其中以黄河故道及黄泛区的沙化土地分布面积最大。其行政范围涉及北京、天津、河北、山东、河南等省（直辖市）。该区自然条件较为优越，光照和水热资源丰富，年降水量450~800毫米。地下水丰富，埋藏较浅，开垦历史悠久，天然植被仅分布于残丘、沙荒、河滩、洼地、湖区等，是我国粮棉重点产区之一，人口密度大，劳动力资源丰富。目前存在的主要问题是局部地区风沙活动仍强烈，冬春季节风沙危害仍很严重。本区以田、渠、路林网和林粮间作建设为重点，全面治理沙化土地。主要治理措施：在沙地的前沿大力营造防风固沙林带，结合渠、沟、路建设，加强农田防护林、护路林建设，保护农田和河道，并在沙化面积较大的地块大力发展速生丰产用材林。

（二）黄土高原重点水土流失治理区

本区域包括陕西北部、山西西北部、内蒙古中南部、甘肃东部、青海东部及宁夏南部黄土丘陵区。总面积30多万平方千米，是世界上面积最大的黄土覆盖地区，气候干旱，植被稀疏，水土流失十分严重，水土流失面积约占总面积的70%，是黄河泥沙的主要来源地，这一地区土地和光热资源丰富，但水资源缺乏，农业生产结构单一，广种薄收，产量长期低而不稳，群众生活困难，贫困人口量多面广。加快这一区域生态环境治理，不仅可以解决农村经济问题，改善生存和发展环境，而且对治理黄河至关重要。生态环境建设的主攻方向是：以小流域为治理单元，以县为基本单位，以修建水平梯田和沟坝地等基本农田为突破口，综合运用工程措施、生物措施和耕作措施治理水土流失，尽可能做到泥不出沟。陡坡地退耕还草还林，实行草、灌木、乔木结合，恢复和增加植被。在对黄河危害最大的比砂岩地区大力营造沙棘水土保持林，减少粗沙流失危害。大力发展雨水集流节水灌溉，推广普及旱作农业技术，提高农产品产量，稳定解决温饱问题。积极发展林果业、畜牧业和农副产品加工业，帮助农民脱贫致富。

（三）北方退化天然草原恢复治理区

我国草原分布广阔，占国土面积的 1/4 以上，主要分布在内蒙古、新疆、青海、四川、甘肃、西藏等地区，是我国生态环境的重要屏障。长期以来，受人口增长、气候干旱和鼠虫灾害的影响，特别是超载过牧和滥垦、乱挖，使江河水系源头和上中游地区的草地退化加剧，有些地方已无草可用，无牧可放。生态环境建设的主攻方向是：保护好现有林草植被，大力开展人工种草和改良草场（种），配套建设水利设施和草地防护林网，加强草原鼠虫灾害防治，提高草场的载畜能力；禁止草原开荒种地；实行围栏、封育和轮牧，建设"草库伦"，搞好草畜产品加工配套。

（四）青藏高原荒漠化防治区

该区域绝大部分是海拔 3000 米以上的高寒地带，土壤侵蚀以冻融侵蚀为主。人口稀少，牧场广阔，其东部及东南部有大片林区，自然生态系统保存较为完整，但天然植被一旦破坏将难以恢复。生态环境建设的主攻方向是：以保护现有的自然生态系统为主，加强天然草场，长江、黄河源头水源涵养林和原始森林的保护，防止不合理开发。其中分为两个亚区，即高寒冻融封禁保护区和高寒沙化土地治理区。

（五）西南岩溶地区石漠化治理区

主要以金沙江、嘉陵江流域上游干热河谷和岷江上游干旱河谷，川西地区、三峡库区、乌江石灰岩地区、黔桂滇岩溶地区热带—亚热带石漠化治理为重点，加大生态保护和建设力度。

三、荒漠化防治对策

荒漠化防治是一项长期艰巨的国土整治和生态环境建设工作，需要从制度、政策、机制、法律、科技、监督等方面采取有效措施，处理好资源、人口、环境之间的关系，促进荒漠化防治工作的健康发展。认真实施《全国防沙治沙规划》，落实规划任务，制定年度目标，定期监督检查，确保取得实效。抓好防沙治沙重点工程，落实工程建设责任制，健全标准体系，狠抓工程质量，严格资金管理，搞好检查验收，加强成果管护，确保工程稳步推进。创新体制机制。实行轻税薄费的税赋政策，权属明确的土地使用政策，谁投资，谁治理，谁受益的利益分配政策，调动全社会的积极性。强化依法治沙，加大执法力度，提高执法水平，推行禁垦、禁牧、禁樵措施，制止边治理边破坏现象，建立沙化土地封禁保护区。依靠科技进步，推广和应用防沙治沙实用技术和模式，加强技术培训和示范工作，增加科技含量，提高建设质量。建设防沙治沙综合示范区，探索防沙治沙政策措施、技术模式和管理体制，以点带片，以片促面，构建防沙治沙从点状拉动到组团式发展的新格局。健全荒漠化监测和预警体系，加强监测机构和队伍建设，健全和完善荒漠化监测体系，实施重点工程跟踪监测，科学评价建设效果。发挥各相关部门的作用，齐抓共管，共同推进防沙治沙工作。

（一）加大荒漠化防治科技支撑力度

科学规划，周密设计。科学地确定林种和草种结构，宜乔则乔，宜灌则灌，宜草则草，乔灌草合理配置，生物措施、工程措施和农艺措施有机结合。大力推广和应用先进科技成果及实用技术。根据不同类型区的特点有针对性地对科技成果进行组装配套，着重推广应用抗逆性强的植物良种、先进实用的综合防治技术和模式，逐步建立起一批高水平的科学防治示范基地，辐射和带动现有科技成果的推广和应用，促进科技成果的转化。

加强荒漠化防治的科技攻关研究。荒漠化防治周期长，难度大，还存在着一系列亟待研究和解决的重大科技课题。如荒漠化控制与治理、沙化退化地区植被恢复与重建等关键技术；森林生态群落的稳定性规律；培育适宜荒漠化地区生长、抗逆性强的树木良种，加快我国林木良种更新，提高林木良种使用率；荒漠化地区水资源合理利用问题，保证生态系统的水分平衡；等等。

大力推广和应用先进科技成果和实用技术。在长期的防治荒漠化实践中，我国广大科技工作者已经探索、研究出了上百项实用技术和治理模式，如节水保水技术、风沙区造林技术、沙区飞播造林种草技术、封沙育林育草技术、防护林体系建设与结构模式配置技术、草场改良技术、病虫害防治技术、沙障加生物固沙技术、公路铁路防沙技术、小流域综合治理技术和盐碱地改良技术等，这些技术在我国荒漠化防治中已被广泛采用，并在实践中被证明是科学可行的。

（二）建立荒漠化监测和工程效益评价体系

荒漠化监测与效益评价是工程管理的一个重要环节，是加强工程管理的重要手段，是编制规划、兑现政策、宏观决策的基础，也是落实地方行政领导防沙治沙责任考核奖惩的主要依据。为了及时、准确、全面地了解掌握荒漠化现状和治理成就及其生态防护效益，为荒漠化管理部门进行科学管理、科学决策提供依据，必须加强和完善荒漠化监测与效益评价体系建设，进一步提高荒漠化监测的灵敏性、科学性和可靠性。

1. 加强和完善全国荒漠化沙化监测网络体系建设

在全国荒漠化、沙化监测的基础上，根据《中华人民共和国防沙治沙法》的有关要求，要进一步加强和完善全国荒漠化、沙化监测网络体系建设，修订荒漠化监测的有关技术方案，逐步形成以面上宏观监测、敏感地区监测和典型类型区定位监测为内容的，以"3S"技术结合地面调查为技术路线的，适合当前国情的比较完备的荒漠化监测网络体系。

2. 建立沙尘暴灾害评估系统

利用最新的技术手段和方法，预报沙尘暴的发生，评估沙尘暴所造成的损失，为各级政府提供防灾减灾的对策和建议，具有十分重要的意义。近年来，国家林业和草原局在沙化土地监测的基础上，与气象部门合作，开展了沙尘暴灾害损失评估工作。应用遥感信息和地面站点的观测资料，结合沙尘暴影响区域内地表植被、土壤状况、作物面积和物候期、生长期、畜牧业情况及人口等基本情况，通过建立沙尘暴灾害经济损失评估模型，对沙尘暴造成的直接经济损失进行评估。今后，需要进一步修订完善灾害评估模型，以提高灾害评估的准确性和可靠度。

3. 完善工程效益定位监测站（点）网建设

防治土地沙化重点工程，要在工程实施前完成工程区各种生态因子的普查和测定，并随着工程进展连续进行效益定位监测和评价。国家林业和草原局拟在各典型区建立工程效益定位监测站，利用"3S"技术，点面监测结合，对工程实施实时、动态监测，掌握工程进展情况，评价防沙治沙工程效益。工程监测与效益评价结果应分区、分级进行，在国家级的监测站下面，根据实际情况分级设立各级监测网点。

（三）完善管理体制、创新治理机制

我国北方的土地退化经过近半个世纪的研究和治理，荒漠化和沙化整体扩展的趋势得到初步遏制，但局部地区仍在扩展。基于我国的国情和沙情，我国土地荒漠化和沙化的总体形势仍然严峻，防沙治沙的任务仍然非常艰巨。制度安排得不合理是影响我国沙漠化治理成效的重要原因之一。要走出现实的困境，就必须完成制度安排的正向变迁，在产权得到保护和补偿制度建立的前提下，通过一系列的制度保证，将荒漠的公益性治理的运作机制转变为利益性治理，建立符合经济主体理性的激励相容机制，鼓励农牧民和企业参与治沙，从根本上解决荒漠化的贫困根源，使荒漠化地区经济、社会得到良性发展，实现社会、经济、环境三重效益的整体最大化。

1. 设立生态特区和封禁保护区

在我国北方地区共计有7400多千米的边境风沙线，既是国家的边防线，又是近50个民族的生命线。另外西部航天城、军事基地，卫星、导弹发射基地，驻扎在国境线上的无数边防哨卡等，直接关系到国防安全和国家安全。荒漠化地区的许多国有林场（包括苗圃、治沙站）和科研院所是防治荒漠化的主力军，但科学研究因缺乏经费不能开展，许多关键问题如节水技术、优良品种选育、病虫害防治等得不到解决，很多种苗基地处于瘫痪、半瘫痪状态，职工工资没有保障，工程建设缺乏技术支撑和持续发展后劲。

有鉴于此，建议将沙区现有的军事战略基地（军事基地、航天基地、边防哨所、营地等）和科研基地（长期定位观测站、治沙试验站、新技术新品种试验区等）划为生态特区。

沙化土地封禁保护区是指在规划期内不具备治理条件的以及因保护生态的需要不宜开发利用的连片沙化土地。按照沙化土地封禁保护区划定的基本条件，我国适合封禁保护的沙化土地主要分布在西北荒漠和半荒漠地区以及青藏高原高寒荒漠地区，区内分布有塔克拉玛干、古尔班通古特、库姆塔格、巴丹吉林、腾格里、柴达木、亚玛雷克、巴音温都尔等沙漠。行政范围涉及新疆、内蒙古、西藏、甘肃、宁夏、青海多个省（自治区）和县（旗、区）。这些地区是我国沙尘暴频繁活动的中心区域或风沙移动的途经区域，对周边区域的生态环境有明显的影响。因此，要加快对这些地区实施封禁保护，促进沙区生态环境的自然修复，减轻沙尘暴的危害，改善区域生态环境，是当前防沙治沙工作所面临的一项十分紧迫的任务。

主要采取的保护措施包括：一是停止一切导致这部分区域生态功能退化的开发活动和其他人为破坏活动；二是停止一切产生严重环境污染的工程项目建设；三是严格控制人口增长，区内人口已超过承载能力的应采取必要的移民措施；四是改变粗放的生产经营方式，走生态经济型发展的道路，对已经破坏的重要生态系统，要结合生态环境建设措施，认真组织重建，尽快遏制生态环境恶化趋势；五是进行重大工程建设要经国务院指定的部门批准。沙化土地封禁保护区建设是一项新事物，目前仍处于起步阶段。特别是封禁保护的区域多位于边远地区、贫困地区和民族地区，如何妥善处理好封禁保护与地方经济社会发展的关系，保证其健康有序地推进，还没有可以借鉴的成熟模式和经验，还需要在实践过程中不断地探索和总结。封禁保护区建设涉及农、林、国土等不同的行业和部门，建设项目包括封禁保护区居民转移安置、配套设施建设、管理和管护队伍建设、宣传教育等，是一项工作难度大、综合性较强的系统工程。因此，研究制定切实可行的措施与保障机制，对于保证封禁保护区建设成效具有重要意义。

2. 创办专业化治沙生态林场

为了保证荒漠化治理工程建设的质量和投资效益，建议在国家、省、地、县组建生态工程承包公司，由农村股份合作林场、治沙站、国有林场以及下岗人员参与国家和地方政府的荒漠化治理工程投标。所有生态工程建设项目实行招标制审批，合同制管理，公司制承包，股份制经营，滚动式发展机制，自主经营，自负盈亏，独立核算。

3. 出台荒漠化治理的优惠政策

我国先后颁布和制定过多项防沙治沙的优惠政策（如发放贴息贷款、沙地无偿使用、减免税收等），但大多数已不能适应新的形势发展。为了鼓励对荒漠化土地的治理与开发，新的优惠政策应包括四个方面：一是资金扶持。由于荒漠化地区治理、开发投资大，除工程建设投资和贴息贷款外，建议将中央农、林、牧、水、能源等各产业部门、扶贫、农业综合开发等资金捆绑在一起，统一使用，以加大治理和开发的力度和规模。二是贷款优惠。改进现行贴息办法，实行定向、定期、定率贴息。根据工程建设内容的不同实行不同的还贷期限，如投资周期长的林果业，还贷期限以延长至 8~15 年为宜。简化贷款手续，改革现行贷款抵押办法，放宽贷款条件。三是落实权属。鼓励集体、社会团体、个人和外商承包治理和开发荒漠化土地，实行"谁治理，谁开发，谁受益"的政策，承包期 50~70 年不变，允许继承、转让、拍卖、租赁等。四是税收减免。

4. 完善生态效益补偿制度

防治荒漠化工程的主体是生态工程，需要长期经营和维护，其回报则主要或全部是具有公益性质的生态效益。为了补偿生态公益经营者付出的投入，弥补工程建设经费的不足，合理调节生态公益经营者与社会受益者之间的利益关系，增强全社会的环境意识和责任感，在荒漠化地区应尽快建立和完善生态效益补偿制度。补偿内容包括三个方面：一是向防治荒漠化工程的生态受益单位和个人，征收一定比例的生态效益补偿金；二是使用治理修复的荒漠化土地的单位和个人必须缴纳补偿金；三是破坏生态者不仅要支付罚款和负责恢复生态，还要缴纳补偿金。收取的补偿金专项用于防治荒漠化工程建设，不得挪用，以保证工程建设持续、快速、健康地发展。

第三节　森林及湿地生物多样性保护

生物多样性是人类赖以生存的基本条件，是人类经济社会得以持续发展的基础。森林是"地球之肺"，湿地是"地球之肾"。森林、湿地及其栖居的各种动植物，构成了生物多样性的主体。面对森林与湿地资源不断被破坏，森林及湿地生物多样性日益锐减的严峻形势，积极开展森林及湿地生物多样性保护的研究与实践，对于保护好生物多样性、维护自然生态平衡、推动经济社会可持续发展具有巨大作用和重要意义。

当前全球及中国生物多样性研究的重点是从基本概念、岛屿生物地理学、自然保护区建设等方面解决重要理论、方法与技术问题，为认识和了解生物多样性、开展生物多样保护的研究与实践提供科学依据。

一、生物多样性保护的生态学理论

（一）岛屿生物地理学

人们早就意识到岛屿的面积与物种数量之间存在着一种对应关系。岛屿上存活物种的丰富度取决于新物种的迁入和原来占据岛屿的物种的灭绝，迁入和灭绝过程的消长导致物种丰富度动态变化。物种灭绝率随岛屿面积的减小而增大（面积效应），物种迁入率随着隔离距离的增大而减小（距离效应）。当迁入率和灭绝率相等时，物种丰富度处于动态平衡，即物种的数目相对稳定，但物种的组成却不断变化和更新。这种状态下物种的种类更新的速率在数值上等于当时的迁入率或灭绝率，通常称为"种周转率"。这就是岛屿生物地理学理论的核心内容。

岛屿生物地理学理论的提出和迅速发展是生物地理学领域的一次革命。这一模型是基于对岛屿物种多样性的深入研究而提出的，但它的应用可以从海洋中真正的岛屿扩展到陆地生态系统，保护区、国家公园和其他斑块状栖息地可看作是被非栖息地"海洋"所包围的生境"岛屿"。对一些生物类群的调查也验证了岛屿生物地理学的理论。面积和隔离程度确实在许多情况下是决定物种丰富度的最主要因素，也正是在这一时期，人们开始发现许多物种已经灭绝，而大量物种正濒临灭绝，人们也开始认识到这些物种灭绝对人类的灾难性。为此，人们建立了大批自然保护区和国家公园以拯救濒危物种，岛屿生物地理学理论的简单性及其适用领域的普遍性使这一理论长期成为物种保护区和自然保护区设计的理论基础。岛屿生物地理学就被视为保护区设计的基本理论依据之一，保护区的建立以追求群落物种丰富度的最大化为基本原则。

（二）集合种群生态学

狭义集合种群指局域种群的灭绝和侵占，即重点是局域种群的周转。广义集合种群指相对独立地理区域内各局域种群的集合，并且各局域种群通过一定程度的个体迁移而使之连为一体。

用集合种群的途径研究种群生物学有两个前提：①局域繁育种群的集合被空间结构化；②迁移对局部动态有某些影响，如灭绝后，种群重建的可能性。

一个典型的集合种群需要满足四个条件。

条件1：适宜的生境以离散斑块形式存在。这些离散斑块可被局域繁育种群占据。

条件2：即使是最大的局域种群也有灭绝风险。否则，集合种群将会因最大局域种群的永不灭绝而可以一直存在下去，从而形成大陆—岛屿型集合种群。

条件3：生境斑块不可过于隔离而阻碍局域种群的重新建立。如果生境斑块过于隔离，就会形成不断趋于集合种群水平上灭绝的非平衡集合种群。

条件4：各个局域种群的动态不能完全同步。如果完全同步，那么集合种群不会比灭绝风险最小的局域种群的续存时间更长。这种异步性足以保证在目前环境条件下不会使所有的局域种群同时灭绝。

由于人类活动的干扰，许多栖息地都不再是连续分布，而是被割裂成多个斑块，许多物种就是生活在这样破碎化的栖息地当中，并以集合种群的形式存在，包括一些植物、数种昆虫纲以外的无脊椎动物、部分两栖动物、一些鸟类和部分小型哺乳动物，以及昆虫纲中的很多物种。

集合种群理论对自然保护有以下几个启示：集合种群的长期续存需要10个以上的生境斑块；生境斑块的理想间隔应是一个折中方案；空间现实的集合种群模型可用于对破碎景观中的物种进行实际预测；较高生境质量的空间变异是有益的；现在景观中集合种群的生存可能具有欺骗性。

在过去几年中，集合种群动态及其在破碎景观中的续存等概念在种群生物学、保护生物学、生态学中牢固地树立起来。在保护生物学中，由于集合种群理论从物种生存的栖息地的质量及其空间动态的角度探索物种灭绝及物种分化的机制，成功地运用集合种群动态理论，可望从生物多样性演化的生态与进化过程上寻找保护珍稀濒危物种的规律。它在很大程度上取代了岛屿生物地理学。

另外，随着景观生态学、恢复生态学的发展，基于景观生态学理论的自然保护区研究与规划，以及基于恢复生态学理论的退化生态系统恢复技术，在生物多样性保护方面也正发挥着越来越重要的作用。

二、生物多样性保护技术

（一）一般途径

1. 就地保护

就地保护是保护生物多样性最为有效的措施。就地保护是指为了保护生物多样性，把包含保护对象在内的一定面积的陆地或水体划分出来，进行保护和管理。就地保护的对象主要包括有代表性的自然生态系统和珍稀濒危动植物的天然集中分布区等。就地保护主要是建立自然保护区。自然保护区的建立需要大量的人力物力，因此，保护区的数量终究有限。同时，某些濒危物种、特殊生态系统类型、栽培和家养动物的亲缘种不一定都生活在保护区内，还应从多方面采取措施，如设立保护点等。在林业上，应采取有利生物多样性保护的林业经营措施，特别应禁止采伐残存的原生天然林及保护残存的片断化的天然植被，如灌丛、草丛，禁止开垦草地、湿地等。

2. 迁地保护

迁地保护是就地保护的补充。迁地保护是指为了保护生物多样性，把由于生存条件不复存在，物种数量极少或难以找到配偶等原因，而生存和繁衍受到严重威胁的物种迁出原地，通过建立动物园、植物园、树木园、野生动物园、种子库、精子库、基因库、水族馆、海洋馆等不同形式的保护设施，对那些比较珍贵的、具有较高价值的物种进行的保护。这种保护在很大程度上是挽救式的，它可能保护了物种的基因，但长久以后，可能保护的是生物多样性的活标本。因为迁地保护是利用人工模拟环境，自然生存能力、自然竞争等在这里无法形成。珍稀濒危物种的迁地保护一定要考虑种群的数量，特别对稀有和濒危物种引种时要考虑引种的个体数量，因为保持一个物种必须以种群最小存活数量为依据。对某一个物种仅引种几个个体对保存物种的意义有限，而且一个物种种群最好来自不同地区，以丰富物种遗传多样性。迁地保护为趋于灭绝的生物提供了生存的最后机会。

3. 离体保护

离体保护是指通过建立种子库、精子库、基因库等对物种和遗传物质进行的保护。这种方法利用空间小、保存量大、易于管理，但该方法在许多技术上有待突破，对于一些不易储藏、储存后发芽率低等"难对付"的种质材料，目前还很难实施离体保护。

（二）自然保护区建设

自然保护区在保护生态系统的天然本底资源、维持生态平衡等方面都有着极其重要的作用。在生物多样性保护方面，由于自然保护区很好地保护了各种生物及其赖以生存的森林、湿地等各种类型生态系统，为生态系统的健康发展以及各种生物的生存与繁衍提供了保证。自然保护区是各种生态系统以及物种的天然储存库，是生物多样性保护最为重要的途径和手段。

1. 自然保护区地址的选择

保护地址的选择，必须明确其保护的对象与目标要求。一般来说需考虑以下因素。

（1）典型性

应选择有地带性植被的地域，应有本地区原始的"顶极群落"，即保护区为本区气候带最有代表性的生态系统。

（2）多样性

即多样性程度越高，越有保护价值。

（3）稀有性

即保护那些稀有的物种及其群体。

（4）脆弱性

脆弱的生态系统极易受环境的改变而发生变化，保护价值较高。另外还要考虑面积因素、天然性、感染力、潜在的保护价值以及科研价值等方面。

2. 自然保护区设计理论

由于受到人类活动干扰的影响，许多自然保护区已经或正在成为生境岛屿。岛屿生物地理学理论为研究保护区内物种数目的变化和保护的目标物种的种群动态变化提供了重要的理论方法，成为自然保护区设计的理论依据。但在一个大保护区好还是在几个小保护区好等问题上，一直有争议，因此岛屿生物地理学理论在自然保护区设计方面的应用值得进一步研究与认识。

3. 自然保护区的形状与大小

保护区的形状对于物种的保存与迁移起着重要作用。当保护区的面积与其周长比率最大时，物种的动态平衡效果最佳，即圆形是最佳形状，它比狭长形具有较小的边缘效应。

对于保护区面积的大小，目前尚无准确的标准。其主要应根据保护对象和目的，基于物种—面积关系、生态系统的物种多样性与稳定性等加以确定。

4. 自然保护区的内部功能分区

自然保护区的结构一般由核心区、缓冲区和实验区组成，不同的区域具有不同的功能。

核心区是自然保护区的精华所在，是被保护物种和环境的核心，需要加以绝对严格保护。核心区具有以下特点：自然环境保存完好；生态系统内部结构稳定，演替过程能够自然进行；集中了本自然保护区特殊的、稀有的野生生物物种。

核心区的面积一般不得小于自然保护区总面积的1/3。在核心区内可允许进行科学观测，在科学研究中起对照作用。不得在核心区采取人为的干预措施，更不允许修建人工设施和进入机动车辆。应禁止参观和游览的人员进入。

缓冲区是指在核心区外围为保护、防止和减缓外界对核心区造成影响和干扰所划出的区域，它有两方面的作用：进一步保护和减缓核心区不受侵害；可允许进行经过管理机构批准的非破坏性科学研究活动。

实验区是指自然保护区内可进行多种科学实验的地区。实验区内在保护好物种资源和自然景观的原则下，可进行以下活动和实验：栽培、驯化、繁殖本地所特有的植物和动物资源；建立科学研究观测站从事科学实验；进行大专院校的教学实习；具有旅游资源和景点的自然保护区，可划出一定的范围，开展生态旅游。

景观生态学的理论和方法在保护区、功能区的边界确定及其空间格局等方面的应用越来越引起人们的关注。

5. 自然保护区之间的生境廊道建设

生境廊道既为生物提供了居住的生境，也为动植物的迁移扩散提供了通道。自然保护区之间的生境廊道建设，有利于不同保护区之间以及保护区与外界之间进行物质、能量、信息的交流。在生境破碎，或是单个小保护区内不能维持其种群存活时，廊道为物种的安全迁移以及扩大生存空间提供了可能。

第四节　现代林业的生物资源与利用

一、林业生物质材料

林业生物质材料是以木本植物、禾本植物和藤本植物等天然植物类可再生资源及其加工剩余物、废弃物和内含物为原材料，通过物理、化学和生物学等高科技手段，加工制造的性能优异，环境友好，具有现代新技术特点的一类新型材料。其应用范围超过传统木材和制品以及林产品的使用范畴，是一种能够适应未来市场需求、应用前景广阔、能有效节约或替代不可再生矿物资源的新材料。

（一）林业生物质材料发展基础和潜力

1. 发展林业生物质材料产业有稳定持续的资源供给

太阳能或者转化为矿物能积存于固态（煤炭）、液态（石油）和气态（天然气）中；或者与水结合，通过光合作用积存于植物体中。对转化和积累太阳能而言，植物特别是林木资源具有明显的优势。森林是陆地生态系统的主体，蕴藏着丰富的可再生资源，是世界上最大的可加以利用的生物质资源库，是人类赖以生存发展的基础资源。森林资源的可再生性、生物多样性、对环境的友好性和对人类的亲和性，决定了以现代科学技术为依托的林业生物质材料产业在推进国家未来经济发展和社会进步中具有重大作用，其不仅显示出巨大的发展潜力，而且顺应了国家生物经济发展的潮流。近年实施的六大林业重点工程，已营造了大量的速生丰产林，目前资源培育力度还在进一步加大。此外，丰富的沙生灌木和非木质森林资源以及大量的林业废弃物和加工剩余物也将为林业生物质材料的利用提供重要资源渠道，这些都将为林业生物质材料产业的发展提供资源保证。

2. 发展林业生物质材料研究和产业具有坚实的基础

长期以来，我国学者在林业生物质材料领域，围绕天然生物质材料、复合生物质材料以及合成生物质材料方面做了广泛的科学研究工作，研究了天然林木材和人工林木材及竹、藤材的生物学、物理学、化学与力学和材料学特征以及加工利用技术，研究了木质重组材料、木基复合材料、竹藤材料及秸秆纤维复合/重组材料等各种生物质材料的设计与制造及应用，研究了利用纤维素质原料粉碎冲击成型而制造一次性可降解餐具，利用淀粉加工可降解塑料，利用木粉的液化产物制备环保型酚醛胶黏剂等，基本形成学科方向齐全，设备先进，研究阵容强大，成果丰硕的木材科学与技术体系，打下了扎实的创新基础。近几年来，我国林业生物质材料产业已经呈现出稳步跨越、快速发展的态势，正经历着从劳动密集型到劳动与技术、资金密集型转变，从跟踪仿制到自主创新的转变，从实验室探索到产业化的转变，从单项技术突破到整体协调发展的转变，产业规模不断扩大，产业结构不断优化，产品质量明显提高，经济效益持续攀升。

3. 发展林业生物质材料适应未来的需要

材料工业方向必将发生巨大变化，发展林业生物质材料适应未来工业目标。生物质材料是未来工业的重点材料。生物质材料产业开发利用已初见端倪，逐步在商业和工业上取得成功，在汽车材料、航空材料、运输材料等方面占据了一定的地位。

随着林木培育、采集、储运、加工、利用技术的日趋成型和完善，随着生物质材料产业体系的形成和建立，相对于矿物质资源材料价格不可遏制地高涨，生物质材料从根本上平衡和协调了经济增长与环境容量之间的相互关系，是一种清洁的可持续利用的材料。生物质材料将实现规模化快速发展，并将逐渐占据重要地位。

4. 发展林业生物质材料产业将促进林业产业的发展，有益于新农村建设

中国宜林地资源较丰富，特别是中国有较充裕廉价的劳动力资源，可以通过培育林木生物质资源，实现资源优势和人力资源优势向经济优势的转化，利于国家，惠及农村，富在农民。

发展林业生物质材料产业将促动我国林产工业跨越性发展。我国正处在传统产业向现代产业转变的加速期，对现代产业化技术装备需求迫切。林业生物质材料技术基础将先进的适应资源特点的技术和高性能产品为特征的高新技术相结合，适应了我国现阶段对现代产业化技术的需求。

5. 发展林业生物质材料产业需改善管理体制上的不确定性

不可忽视的是目前林业生物质材料产业还缺乏系统规划和持续开发能力。林业生物质材料产业的资源属林业部门管理，而产品分别归属农业、轻工、建材、能源、医药、外贸等部门管理，作为一个产品类型分支庞大而各产品相对弱小的产业，系统的发展规划尚未列入各管理部门的规划重点，导致在应用方面资金投入、人才投入较弱。

此外在管理和规划上需重点关注的问题有以下几点。

（1）随着林业生物质材料产业的壮大，逐渐完善或建立相应的资源供给、环境控制、收益回报等政策途径。

（2）在实践的基础上，在产品和地区的水平上建立林业生物质材料产业可持续发展示范点。

（3）以基因技术和生物技术为主的技术突破来促进生产力的提高。

（4）按各产品分类，从采集、运输和产品产出上降低成本，提高市场竞争力。

（5）重点发展环境友好型工程材料和化工材料等，开拓林业生物质材料在建筑、装饰、交通等方面的应用。

（6）重点开展新型产品在不同领域的应用性研究，示范并推动林业生物质材料产业的发展。

从长远战略规划出发，进一步开展生物质材料产出与效率评估、生物质材料及产品生命循环研究。

（二）林业生物质材料发展重点领域与方向

1. 主要研发基础与方向

具体产业领域发展途径是以生物质资源为原料，采用相应的化学加工方法，以获取能替代石油产品的化学资源，采用现代制造理论与技术，对生物质材料进行改性、重组、复合等，在满足传统市场需求的同时，发展被赋予新功能的新材料；拓展生物质材料应用范围，替代矿物源材料（如塑料、金属等）在建筑、交通、日用化工等领域上的使用；相应的，按照材料科学学科的研究方法和基本理念，林业生物质材料学科研发基础与方向由以下9个研究领域组成。

（1）生物质材料结构、成分与性能

主要开展木本植物、禾本植物、藤本植物等生物质材料及其衍生新材料的内部组织与结构形成规律、物理、力学和化学特性，包括生物质材料解剖学与超微结构、生物质材料物理学与流体关系学、生物质材料化学、生物质材料力学与生物质材料工程学等研究，为生物质材料定向培育和优化利用提供科学依据。

（2）生物质材料生物学形成及其对材料性能的影响

主要开展木本植物、禾本植物、藤本植物等生物质材料在物质形成过程中与营林培育的关系，以及后续加工过程中对加工质量和产品性能的影响研究。在研究生物质材料基本性质及其变异规律的基础上，一方面研究生物质材料性质与营林培育的关系，另一方面研究生物质材料性质与加工利用的关系，实现生物质资源的定向培育和高效合理利用。

（3）生物质材料理化改良

主要开展应用物理的、化学的、生物的方法与手段对生物质材料进行加工处理的技术，克服生物质材料自身的缺陷，改善材料性能，拓宽应用领域，延长生物质材料使用寿命，提高产品附加值。

（4）生物质材料的化学资源化

主要开展木本植物、禾本植物、藤本植物等生物质材料及其废弃物的化学资源转换技术研究开发，以获取能替代石油基化学产品的新材料。

（5）生物质材料生物技术

主要通过酶工程和发酵工程等生物技术手段，开展生物质材料生物降解、酶工程处理生物质原料制造环保性生物质材料、生物质材料生物漂白和生物染色、生物质材料病虫害生物防治、生物质废弃物资源生物转化利用等领域的基础研究技术开发。

（6）生物质重组材料设计与制备

主要开展以木本植物、禾本植物和藤本植物等生物质材料为基本单元进行重组的技术，研究开发范围包括木质人造板和非木质人造板的设计与制备，制成具有高强度、高模量和优异性能的生物质结构（工程）材料、功能材料和环境材料。

（7）生物质基复合材料设计与制备

主要开展以木本植物、禾本植物和藤本植物等生物质材料为基体组元，与其他有机高聚物材料或无机非金属材料或金属材料为增强体组元或功能体单元进行组合的技术研究，研究开发范围包括生物质基金属复合材料、生物质基无机非金属复合材料、生物质基有机高分子复合材料的设计与制备，满足经济社会发展对新材料的需求。

（8）生物质材料先进制造技术

主要以现代电子技术、计算机技术、自动控制理论为手段，研究生物质材料的现代设计理论和方法，生物质材料的先进加工制造技术以及先进生产资源管理模式，以提升传统生物质材料产业发展，实现快速、灵活、高效、清洁的生产模式。

（9）生物质材料标准化研究

主要开展木材、竹材、藤材及其衍生复合材料等生物质材料产品的标准化基础研究、关键技术指标研究、标准制定与修订等，为规范林业生物质材料产业的发展提供技术支撑。

2. 重点产业领域进展

林产工业正逐步转变传统产业的内涵，采用现代技术及观念，利用林业低质原料和废弃原料，发展具有广泛意义的生物质材料的重点主题有三个方面：一是原料劣化下如何开发和生产高等级产品，以及环境友好型产品；二是重视环境保护与协调，节约能源降低排出，提高经济效益；三是利用现代技术，如何拓展应用领域，创新性地推动传统产业进步。林业生物质材料已逐渐发展成 4 类。

（1）化学资源化生物质材料

包括木基塑料（木塑挤出型材、木塑重组人造板、木塑复合卷材、合成纤维素基塑料）、纤维素生物质基复合功能高分子材料、木质素基功能高分子复合材料、木材液化树脂、松香松节油基生物质复合功能高分子材料等。

（2）功能性改良生物质材料

包括陶瓷化复合木材、热处理木材、密实化压缩增强木材、木基/无机复合材料、功能性（如净化、保水、导电、抗菌）木基材料、防虫防腐型木材等。

（3）生物质结构工程材料

包括木结构用规格材、大跨度木（竹）结构材料及构件、特殊承载木基复合材料、最优组态工程人造板、植物纤维基工程塑料等。

（4）特种生物质复合材料

快速绿化用生物质复合卷材、高附加值层积装饰塑料、多彩植物纤维复合装饰吸音材料、陶瓷化单板层积材、三维纹理与高等级仿真木基材料、木质碳材料等。

特种生物质复合材料基本上处于技术开发与产业推广阶段，木基模压汽车内衬件广泛用于汽车业，总量不超过 1 万立方米；高附加值层积装饰塑料已应用于特种增强和装饰方面，如奥运会比赛用枪、刀具装饰性柄、纽扣等；植物纤维复合装饰吸音材料已用于高档内装修，以及公路隔音板等。

二、林业生物质能源

生物质能一直与太阳能、风能以及潮汐能一起作为新能源的代表，由于林业生物质资源量丰富且可以再生，其含硫量和灰分都比煤炭低，而含氢量较高，现在受关注的程度直线上升。

（一）林业生物质能源发展现状与趋势

1. 能源林培育

目前，世界上许多国家都通过引种栽培，建立新的能源基地，如"石油植物园""能源农场"。

我国有经营薪炭林的悠久历史，但薪炭林严重缺乏，亟须发展，以增加面积和蓄积，缓解对煤炭、其他用途林种消耗的压力。并且，日益增长的对生物质能源的需求，如生物发电厂、固体燃料等，更加大了对能源林的需求。

2. 能源产品转化利用

（1）液体生物质燃料

生物质资源是唯一能够直接转化为液体燃料的可再生能源，以其产量巨大、可储存和碳循环等优点已引起全球的广泛关注。目前液体生物质燃料主要被用于替代化石燃油作为运输燃料。开发生物质液体燃料是国际生物质能源产业发展最重要的方向，已开始大规模推广使用的主要液体燃料产品有燃料乙醇、生物柴油和生物质油等。

①燃料乙醇

燃料乙醇是近年来最受关注的石油替代燃料之一，我国自 20 世纪 50 年代起，先后开展了稀酸常压、稀酸加压、浓酸大液比水解，纤维素酶水解法的研究并建成了示范厂，主要利用原料为木材加工剩余物，制取酒精和饲料酵母。

从战略角度看，世界各国都将各类植物纤维素，作为可供使用生产燃料酒精丰富而廉价的原料来源，其中利用木质纤维素制取燃料酒精是解决原料来源和降低成本的主要途径之一。而纤维素生产酒精产业化的主要瓶颈是纤维素原料的预处理以及降解纤维素为葡萄糖的纤维素酶的生产成本过高。因此，该领域将以提高转化效率和降低生产成本为目标展开相关研究，如高效纤维素原料预处理和催化水解技术，用基因技术改造出能同时转化多种单糖或直接发酵纤维素原料为乙醇的超级微生物和能生产高活性纤维素酶的特种微生物，植物纤维资源制取乙醇关键技术的整合与集成等。

②生物柴油

生物柴油是化石液体燃料理想的替代燃料油，是无污染的可再生绿色能源，被认为是继燃料乙醇之后第二个可望得到大规模推广应用的生物液体能源产品。生产方法可以分为三大类：化学法、生物法和 FT 合成技术。化学法包括裂解法、酯交换法、酯化法；生物法主要是指生物酶催化制备生物柴油技术。

③生物质油

生物质油是生物质热解生成的液体燃料，被称为生物质裂解油，与固体燃料相比，生物质油易于储存和运输，其热值为传统燃料用油的一半以上，并可作为化工原料生产特殊化工产品。目前，生物质油有两种具有开发价值的用途：代替化石燃料；提取某些化学物质。闪速热解在相对较低的温度下进行，较高的加热速率（1000~10000℃/s），较短的停留时间，一般为1秒，所以对设备的要求较高。在各种反应装置中，旋转锥式热解反应器具有较高的生物质油产率，以锯屑为原料经热解其生物质油产率为60%。

将来的研究工作主要集中在热解原料特性数据的搜集、检测，快速热解液化机理的研究，热解工艺过程的实验研究和液体产物处理等几个方面。

（2）气体生物质燃料

林业生物质气体燃料主要有生物质气化可燃气、生物质氢气以及燃烧产生的电能和热能。

①生物质气化

生物质气化是以生物质为原料，以氧气（空气、富氧或纯氧）、水蒸气或氢气等作为气化介质，在高温条件下通过热化学反应将生物质中可燃部分转化为可燃气的过程，生物质气化时产生的气体有效成分为 CO、H_2 和 CH_4 等，称为生物质燃气。对于生物质气化过程的分类有多种形式。如果按照制取燃气热值的不同可分为制取低热值燃气方法（燃气热值低于 $8MJ/m^3$），制取中热值燃气方法（燃气热值为 $16~33MJ/m^3$），制取高热值燃气方法（燃气热值高于 $33MJ/m^3$）；如果按照设备的运行方式的不同，可以将其分为固定床、流化床和旋转床；如果按照气化剂的不同，可以将其分为干馏气化、空气气化、氧气气化、水蒸气气化、水蒸气—空气气化和氢气气化等。生物质气化炉是气化反应的关键设备。在气化炉中，生物质完成了气化反应过程并将其转化为生物质燃气。目前主要应用的生物质气化设备有热解气化炉、固定床气化炉以及流化床气化炉等几种形式。

生物质气化发电技术是把生物质转化为可燃气，再利用可燃气推动燃气发电设备进行发电。它既能解决生物质难于燃用而且分布分散的缺点，又可以充分发挥燃气发电技术设备紧凑而且污染少的优点，所以气化发电是生物质能最有效、最洁净的利用方法之一。气化发电系统主要包括三个方面：一是生物质气化，在气化炉中把固体生物质转化为气体燃料；二是气体净化，气化出来的燃气都含有一定的杂质，包括灰分、焦炭和焦油等，需经过净化系统把杂质除去，以保证燃气发电设备的正常运行；三是燃气发电，利用燃气轮机或燃气内燃机进行发电，有的工艺为了提高发电效率，发电过程可以增加余热锅炉和蒸汽轮机。

生物质气化及发电技术在发达国家已受到广泛重视，生物质能在总能源消耗中所占的比例增加相当迅速。

我国生物质气化供气，作为家庭生活的气体燃料，已经推广应用了很多套小型的气化系统，主要应用在农村，规模一般在可供 200~400 户家庭用气。

提高气化效率、改善燃气质量、提高发电效率是未来生物质气化发电技术开发的重要目标，采用大型生物质气化联合循环发电（BIGCC）技术有可能成为生物质能转化的主导技术之一；同时，开发新型高效率的气化工艺也是重要发展方向之一。

②生物质制氢

氢能是一种新型的洁净能源，是新能源研究中的热点，21 世纪有可能在世界能源舞台上成为一种举足轻重的二次能源。国际上氢能研究从 20 世纪 90 年代以来受到特别重视。目前制氢的方法很多，主要有水电解法、热化学法、太阳能法、生物法等。生物质制氢技术是制氢的重要发展方向，主要集中在生物法和热化学转化法。

生物质资源丰富，可再生，其自身是氢的载体，通过生物法和热化学转化法可以制得富氢气体。随着"氢经济社会"的到来，无污染、低成本的生物质制氢技术将有一个广阔的应用前景。

3. 固体生物质燃料

固体生物质燃料是指不经液化或气化处理的固态生物质，通过改善物理性状和燃烧条件以提高其热利用效率和便于产品的运输使用。固体生物质燃料适合于利用林地抚育更新和林产加工剩余物以及农区燃料用作物秸秆。由于处理和加工过程比较简单，投能和成本低，能量的产投比高，是原料富集地区的一种现实选择。固体生物质燃料有成型、直燃和混合燃烧三种燃烧方式和技术。

（1）生物质成型燃料

生物质燃料致密成型技术（BBDF）是将农林废弃物经粉碎、干燥、高压成型为各种几何形状的固体燃料，具有密度高、形状和性质均一、燃烧性能好、热值高、便于运输和装卸等特点，是一种极具竞争力的燃料。从成型方式上来看，生物质成型技术主要有加热成型和常温成型两种方式。生物质成型燃料生产的关键是成型装备，按照成型燃料的物理形状分为颗粒成型燃料、棒状成型燃料和块状成型燃料等形式。

我国在生物质成型燃料的研究和开发方面开始于 20 世纪 70 年代，主要有颗粒燃料和棒状燃料两种，以加热生物质中的木质素到软化状态产生胶粘作用而成型，在实际应用过程中存在能耗相对较高、成型部件易磨损以及原料的含水率不能过高等不足。近几年在借鉴国外技术的基础上，开发出的"生物质常温成型"新技术大大降低了生物质成型的能耗,并开展了产业化示范。

(2) 生物质直接燃烧技术

直接燃烧是一项传统的技术,具有低成本、低风险等优越性,但热利用效率相对较低。锅炉燃烧发电技术适用于大规模利用生物质。生物质直接燃烧发电与常规化石燃料发电的不同点主要在于原料预处理和生物质锅炉,锅炉对原料适用性和锅炉的稳定运行是技术关键。

生物质直接燃烧发电的关键是生物质锅炉。我国已有锅炉生产企业曾生产过木柴(木屑)锅炉、蔗渣锅炉,品种较全,应用广泛,锅炉容量、蒸汽压力和温度范围大。

(3) 生物质混燃技术

混燃是最近几年来许多工业化国家采用的技术之一,有许多稻草共燃的实验和示范工程。混合燃烧发电包括直接混合燃烧发电、间接混合燃烧发电和并联混合燃烧发电三种方式。直接混合燃烧发电是指生物质燃料与化石燃料在同一锅炉内混合燃烧产生蒸汽,带动蒸汽轮机发电,是生物质混合燃烧发电的主要方式,技术关键为锅炉对燃料的适应性、积灰和结渣的防治、避免受热面的高温腐蚀和粉煤灰的工业利用。

生物质混合燃烧发电技术具有良好的经济性,但是,由于目前一般混燃项目还不能得到电价补贴政策的优惠,生物质混合燃烧发电技术在我国推广应用,还需要在财税政策方面有所改进,才可能有大的发展。

(二)林业生物质能源发展的重点领域

1. 专用能源林资源培育技术平台

生物质资源是开展生物质转化的物质基础,对于发展生物产业和直接带动现代农业的发展息息相关。该方向应重点开展能源植物种质资源与高能植物选育及栽培。针对目前能源林单产低、生长期长、抗逆性弱、缺乏规模化种植基地等问题,结合林业生态建设和速生丰产林建设,加速能源植物品种的遗传改良,加快培育高热值、高生物量、高含油量、高淀粉产量优质能源专用树种,开发低质地上专用能源植物栽培技术,并在不同类型宜林地、边际性土地上进行能源树种定向培育和能源林基地建设,为生物质能源持续发展奠定资源基础。能源林主要包括木质纤维类能源林、木本油料能源林和木本淀粉类能源林三大类。

(1) 木质纤维类能源林

以利用林木木质纤维直燃(混燃)发电或将其转化为固体、液体、气体燃料为目标,加强沙生灌木等可在边际性土地上种植的能源植物新品种的选育,优化资源经营模式,提高沙柳、柠条等灌木资源利用率,建立沙生灌木资源培育和能源化利用示范区。

（2）木本油料能源林

加快培育高含油量、抗逆性强且能在低质地生长的木本油料能源专用新树种，突破立地选择、密度控制、配方施肥等综合培育技术。以公司加农户等多种方式，建立木本油料植物规模化基地。

（3）木本淀粉类能源林

以提制淀粉用于制备燃料乙醇为目的，进行非食用性木本淀粉类能源植物资源调查和利用研究，大力选择、培育具有高淀粉含量的木本淀粉类能源树种，在不同生态类型区开展资源培育技术研究和高效利用技术研究。富含淀粉的木本植物主要是壳斗科、禾本科、豆科、蕨类等，主要是利用果实、种子以及根等。重点研究不同种类木本淀粉植物的产能率，开展树种良种化选育，建立木本淀粉类能源林培育利用模式和产业化基地，加强高效利用关键技术研究。

2. 林业生物质热化学转化技术平台

热化学平台研究和开发目标是将生物质通过热化学转化成生物油、合成气和固体碳。尤其是液体产品，主要作为燃料直接应用或升级生产精制燃料或者化学品，替代现有的原油、汽油、柴油、天然气和高纯氢的燃油和产品。另外，由于生物油中含有许多常规化工合成路线难以得到的有价值成分，它还是用途广泛的化工原料和精细日化原料，如可用生物原油为原料生产高质量的黏合剂和化妆品；也可用它来生产柴油、汽油的降排放添加剂。热化学转化平台主要包括热解、液化、气化和直接燃烧等技术。

3. 林业生物质衍生产品的制备技术平台

（1）生物基材料转化

在进行生物质能源转化的同时，开展生物基材料的研究开发亦是国内外研究热点。应加强生物塑料（包括淀粉基高分子材料、聚乳酸、PHA、PTT、PBS）、生物基功能高分子材料、木基材料等生物基材料制备、应用和性能评价技术等方面的研究，重点在现有可生物降解高分子材料基础上，集成淀粉的低成本和聚乳酸等生物可降解树脂的高性能优势，开发全降解生物基塑料（亦称淀粉塑料）和地膜产品，开发连续发酵乳酸和从发酵液中直接聚合乳酸技术，降低可生物降解高分子树脂的成本，保证生物质材料的经济性；形成完整的生产全降解生物质材料技术、装备体系。

（2）生物基化学品转化

利用可再生的生物质原料生产生物基化学品同样具有广阔的前景。应加快对生物乙烯、乳酸、1，3-丙二醇、丁二酸、糠醛、木糖醇等乙醇和生物柴油的下游及共生化工产品的研究，重点开展生物质绿色平台化合物制备技术，包括葡萄糖、乳酸、乙醇、糠醛、羟甲基糠醛、木糖醇、乙酰丙酸、环氧乙烷等制备技术。加强以糠醛为原料生产各种新型有机化合物、新材料的研究和开发。

（三）林业生物质能源主要研究方向

1. 能源林培育

重点培育适合能源林的柳树、杨树和桉树等速生短轮伐期品种，建立配套的栽培及经营措施；在木本燃料油植物树种的良种化和丰产栽培技术方面，以黄连木、油桐、文冠果等主要木本燃料油植物为对象，大力进行良种化，解决现有低产低效能源林改造技术；改进沙生灌木资源培育建设模式，提高沙柳、柠条等灌木资源利用率，建立沙生灌木资源培育和能源化利用示范区。

2. 燃料乙醇

重点加大纤维素原料生产燃料乙醇工艺技术的研究开发力度，攻克植物纤维原料预处理技术、戊糖己糖联合发酵技术，降低酶生产成本，提高水解糖得率，使植物纤维基燃料乙醇生产达到实用化。在华东或东北地区进行以木屑等木质纤维为原料生产燃料乙醇的中试生产。

3. 生物柴油

重点突破大规模连续化生物柴油清洁生产技术和副产物的综合利用技术，形成基于木本油料的具有自主知识产权、经济可行的生物柴油生产成套技术；开展生物柴油应用技术及适应性评价研究。在木本油料资源集中区开展林油一体化的生物柴油示范。并根据现有木本油料资源分布以及原料林基地建设规划与布局，形成一定规模的生物柴油产业化基地。

4. 生物质气化发电/供热

主要发展大规模连续化生物质直接燃烧发电技术、生物质与煤混合燃烧发电技术和生物质热电联产技术；针对现有生物质气化发电技术存在燃气热值低、气化过程产生的焦油多的技术瓶颈，研究开发新型高效气化工艺。在林业剩余物集中区建立兆瓦级大规模生物质气化发电/供热示范工程；在柳树、灌木等资源集中区建立生物质直燃/混燃发电示范工程；在三北地区建立以沙生灌木为主要原料，集灌木能源林培育、生物质成型燃料加工、发电/供热于一体的热电联产示范工程。通过示范，形成分布式规模化生物质发电系统。

5. 固体成型燃料

重点以降低生产能耗、降低产品成本、提高模具耐磨性为主攻方向，开发一体化、可移动的颗粒燃料加工技术和装备，开发大规模林木生物质成型燃料设备以及抚育、收割装备；形成固体成型燃料生产、供热燃烧器具、客户服务等完善的市场和技术体系。在产业化示范的基础上，在三北地区建立具有一定规模的以沙生灌木为原料的生物质固化成型燃料产业化基地；在东北、华南和华东等地建立具有一定规模的以林业剩余物或速生短轮伐期能源林为原料的生物质固化成型燃料产业化基地。

6. 石油基产品替代

重点研究完全可降解、低成本生物质塑料，用生物质塑料取代石油基塑料；开发脂肪酸酯、甘油、乙烯、乙醇下游产品，以扩大生物质材料产业的领域范围，提高经济效益。

7. 生物质快速热解制备生物质油

重点研究林业生物质原料高温快速裂解、催化裂解液化、高压裂解液化、超临界液化、液化油分离提纯等技术，并开展相关的应用基础研究，在此基础上开发生物质油精制与品位提升的新工艺，提高与化石燃料的竞争力。

8. 林业生物质能源相关技术和产品标准研究

根据林业生物质能源利用发展的总体要求，重点制定林业生物质能源资源调查、评价技术规定和标准，能源林培育、栽培技术规程，生物质发电、成型燃料等产品标准以及相应的生产技术规程。实现产地环境、生产原料投入监控、产品质量、包装贮运等方面的标准基本配套，建立起具有国际水准的绿色环保的林业生物质能源利用的标准体系。

参考文献

[1] 龙贺兴. 分山到户与集体管理：集体林权制度变迁的实践与逻辑［M］. 北京：中国经济出版社，2023.

[2] 刘雪婷. 现代生态环境保护与环境法研究［M］. 北京：北京工业大学出版社，2023.

[3] 张爱生，吴艳. 林业发展与植物保护研究［M］. 长春：吉林科学技术出版社，2022.

[4] 陈建义，王永久，史瑞军. 现代林业生态工程建设理论研究［M］. 长春：吉林科学技术出版社，2022.

[5] 李香菊，杨洋，刘卫强. 园林景观设计与林业生态化建设［M］. 长春：吉林科学技术出版社，2022.

[6] 王法，穆静，封学德. 园林景观设计与林业栽培［M］. 长春：吉林科学技术出版社，2022.

[7] 杨木壮，宋榕潮，刘洋，林彤. 自然资源调查概论［M］. 武汉：中国地质大学出版社，2022.

[8] 张玉芹. 森林营造技术［M］. 重庆：重庆大学出版社，2022.

[9] 支瑞荣，李会芳，赵延华. 自然资源调查监测技术与方法［M］. 武汉：中国地质大学出版社，2022.

[10] 周小杏，吴继军，王宝霞. 现代林业生态建设与治理模式创新［M］. 哈尔滨：黑龙江教育出版社，2021.

[11] 曹传旺. 昆虫生化与分子毒理学实验原理与技术［M］. 哈尔滨：东北林业大学出版社，2021.

[12] 吴金卓，刘曦，彭萱亦. 针阔混交林固定监测样地生物多样性与森林健康评价研究［M］. 哈尔滨：东北林业大学出版社，2021.

[13] 李铁英. 新时代我国生态文明教育的理论与实践研究［M］. 哈尔滨：东北林业大

学出版社，2021.

[14] 刘振明，丰波，付建林. 木业自动化设备 PLC 应用技术 [M]. 北京：北京理工大学出版社，2021.

[15] 张科. "互联网+"林业灾害应急管理与应用 [M]. 杭州：浙江工商大学出版社，2020.

[16] 展洪德. 面向生态文明的林业和草原法治 [M]. 北京：中国政法大学出版社，2020.

[17] 黄宗平，海有莲，杨玲. 森林资源与林业可持续发展 [M]. 银川：宁夏人民出版社，2020.

[18] 殷晓松. 森林植被生态修复研究 [M]. 长春：吉林人民出版社，2020.

[19] 张艳梅. 污水治理与环境保护 [M]. 昆明：云南科技出版社，2020.

[20] 彭红军. 林业碳汇运营、价格与融资机制 [M]. 南京：东南大学出版社，2020.

[21] 李国梁. 光敏变色功能性木质复合材料的形成与表征 [M]. 哈尔滨：东北林业大学出版社，2020.

[22] 吴鸿. 主要经济林树种生态高效栽培技术 [M]. 杭州：浙江科学技术出版社，2020.

[23] 张文军，朱亚杰，李建成. 优良乡土树种及繁育技术 [M]. 郑州：黄河水利出版社，2020.

[24] 丁胜，杨加猛，赵庆建. 林业政策学 [M]. 南京：东南大学出版社，2019.

[25] 柯水发，李红勋. 林业绿色经济理论与实践 [M]. 北京：人民日报出版社，2019.

[26] 蒋志仁，刘菊梅，蒋志成. 现代林业发展战略研究 [M]. 北京：北京工业大学出版社，2021.

[27] 王华丽. 中国森林保险区域化发展研究 [M]. 成都：电子科技大学出版社，2019.

[28] 王海帆. 现代林业理论与管理 [M]. 成都：电子科技大学出版社，2018.

[29] 林健. 林业产业化与技术推广 [M]. 延吉：延边大学出版社，2018.

[30] 谢和生. 典型家庭林业合作组织制度：比较、选择与多样化发展 [M]. 北京：中国商业出版社，2018.

[31] 胡志栋. 森工机械可靠性原理 [M]. 哈尔滨：东北林业大学出版社，2018.